普通高等院校计算机基础教育"十四五"规划教材

Python 程序设计及应用
（第二版）

臧劲松　黄小瑜◎主编
黄春梅　柳　强　刘丽霞◎参编
　　　　　夏　耘◎主审

中国铁道出版社有限公司
CHINA RAILWAY PUBLISHING HOUSE CO., LTD.

内 容 简 介

本书是普通高等院校计算机基础教育"十四五"规划教材之一，根据教育部高等学校大学计算机课程教学指导委员会编制的《新时代大学计算机基础课程教学基本要求》中有关"程序设计基础"课程教学基本要求编写。

本书突出案例驱动，更能激发学生编程兴趣；从教师易教、学生易学、便于与Python的实际应用技术无缝对接的角度构建知识体系。本书以培养学生利用计算机解题的思维方式和程序设计的基本技能为目标，共分为9章，包括程序设计概述、程序设计初步、控制结构、组合数据类型、函数和模块化编程、文件、面向对象概述、程序调试与异常处理机制、Python计算生态和第三方库等，每章都安排了丰富的例题。

本书适合作为高等院校"Python程序设计"课程的教材，也可作为全国计算机等级考试二级Python语言程序设计，上海市信息技术水平考试二、三级Python程序设计科目的参考书，还可作为广大程序设计爱好者的自学参考书。

图书在版编目（CIP）数据

Python程序设计及应用 / 臧劲松，黄小瑜主编. — 2版. -- 北京 : 中国铁道出版社有限公司，2025．3.
(普通高等院校计算机基础教育"十四五"规划教材).
ISBN 978-7-113-31762-1

Ⅰ. TP312.8

中国国家版本馆CIP数据核字第2024MH4958号

书　　名：Python 程序设计及应用
作　　者：臧劲松　黄小瑜

策　　划：曹莉群　　　　　　　　　　　编辑部电话：（010）63549501
责任编辑：贾　星　包　宁
封面设计：郑春鹏
责任校对：苗　丹
责任印制：樊启鹏

出版发行：中国铁道出版社有限公司（100054，北京市西城区右安门西街8号）
网　　址：https://www.tdpress.com/51eds
印　　刷：河北燕山印务有限公司
版　　次：2022年2月第1版　2025年3月第2版　2025年3月第1次印刷
开　　本：787 mm×1 092 mm　1/16　印张：14　字数：367千
书　　号：ISBN 978-7-113-31762-1
定　　价：40.00元

版权所有　侵权必究

凡购买铁道版图书，如有印制质量问题，请与本社教材图书营销部联系调换。电话：（010）63550836
打击盗版举报电话：（010）63549461

前言

数字化是国家战略,更是上海市国民经济和社会发展"十四五"规划确定的重大战略。让大家切身感受到城市数字化转型带来的实际成效,是高等学校计算机基础教育中程序设计课程的重要任务。程序设计的关键是设计,即为解决问题而通过计算机使用某种程序设计语言编写程序代码的过程。

党的二十大报告指出:"推动战略性新兴产业融合集群发展,构建新一代信息技术、人工智能、生物技术、新能源、新材料、高端装备、绿色环保等一批新的增长引擎。"当今社会,大数据、人工智能、云计算、物联网等新一代信息技术融合到各个领域,这些新技术和应用的核心就是程序。选择一门高级程序设计语言作为教学内容,介绍程序设计的基本思想和方法,能够培养学生分析问题、利用计算机求解问题的思维方式和初步应用能力,满足信息社会各领域对人才的需求。Python语言以"简单易学、免费开源、功能强大"等特点成为学习编程的入门语言,丰富的第三方库形成了Python的"计算生态",进一步推动了Python的普及和发展,使其成为当前热门的程序设计语言之一,所以越来越多的高校开设了Python程序设计相关课程。

本书以培养学生利用计算机解题的思维方式和程序设计的基本技能为目标,共分为9章,主要包括程序设计概述、程序设计初步、控制结构、组合数据类型、函数和模块化编程、文件、面向对象概述、程序调试与异常处理机制、Python计算生态和第三方库等内容。本教材获批上海理工大学一流本科教材建设项目。

本书在第一版的基础上,对章节安排、案例等进行了更新。考虑到程序调试与异常处理直接关系到程序的健壮性和可维护性,也是编程人员必须掌握的基本技能,因此第二版将这部分内容单独列为一章作为第8章;第9章也在第一版的基础上改写了大部分知识点的例题,使得学习过程更加有趣;第二版各章内容还增加修改了一些案例,如引入流行的request模块、beautifulSoup库、词云等,增加了爬虫、保险公司客户信息统计、新能源汽车产量及销量分析、词频统计等案例,修改了学生成绩统计、闯关、猜数等小游戏,这些更新旨在使读者学习起来更富有趣味性,并更好地理解实际应用场景。

本书编写特色如下：

（1）体现计算思维本质。强化了数据可视化及应用、递归及应用、机器学习工具包的使用，很好地体现了计算思维的本质——抽象和自动化，利用Python第三方库的功能结合实际应用展示了Python的"计算生态"。

（2）培养学生思维方式。着眼于培养学生利用计算机解题的思维方式和程序设计的基本功能，以及使用现代编程环境解决实际问题的能力，为实施课堂精讲多练的教学方法提供帮助，提高教学效果，培养学生自学能力。

本书提供了配套的电子教案和实例代码，需要资源的任课教师可登录中国铁道出版社教育资源数字化平台（https://www.tqbooks.com/51eds）下载。

本书由臧劲松、黄小瑜任主编并承担统稿工作，黄春梅、柳强、刘丽霞参与编写，夏耘主审。具体编写分工如下：第1、4、7章由黄小瑜编写，第2章由黄春梅编写，第3、8章由柳强编写，第5、6章由臧劲松编写，第9章由刘丽霞编写。

上海市计算机基础教育协会常务理事、上海理工大学夏耘副教授在百忙之中审阅了书稿，并提出许多宝贵建议。在此对她的辛勤付出表示感谢。最后，我们要再次感谢各高校专家、教师长期以来对我们工作的支持和关心。

由于编者水平有限，加之时间紧迫，不妥之处在所难免，希望读者批评指正！

编　者
2024年12月

目 录

第1章 程序设计概述 1

    1.1 程序与程序设计语言 1
        1.1.1 程序和计算机运作基本原理 2
        1.1.2 程序设计语言 3
    1.2 Python语言简介 5
        1.2.1 Python语言的特点 5
        1.2.2 Python语言的应用 6
    1.3 Python的集成开发环境 7
        1.3.1 Python的安装 7
        1.3.2 Anaconda环境配置 9
        1.3.3 其他编辑环境 12
    1.4 Python程序 13
        1.4.1 运行Python程序的方式 13
        1.4.2 初识Python程序 14
    习题 18

第2章 程序设计初步 19

    2.1 数据类型及其应用 19
        2.1.1 数据和变量 19
        2.1.2 数值类型 20
        2.1.3 字符串 22
    2.2 运算符和表达式 28
        2.2.1 算术运算符 29
        2.2.2 赋值运算符和复合赋值运算符 31
        2.2.3 关系运算符 32
        2.2.4 逻辑运算符 32
        2.2.5 身份运算符与成员测试运算符 33
        2.2.6 位运算 34
    2.3 常用内置函数 35
    2.4 常用库函数 39
    2.5 体验顺序结构程序设计 43
    习题 45

第3章 控制结构 49

3.1 算法概述 49
3.1.1 算法的相关概念 49
3.1.2 算法的特征与评价指标 51
3.1.3 算法的描述方法 52

3.2 Python流程控制结构概述 53

3.3 顺序结构 54

3.4 分支结构 55
3.4.1 双分支结构：if-else 55
3.4.2 单分支结构：if 56
3.4.3 多分支结构：if-elif-else 57
3.4.4 分支结构的嵌套 59

3.5 循环结构 60
3.5.1 条件循环：while循环 61
3.5.2 遍历循环：for in循环的一般形式 64
3.5.3 遍历循环中的计数循环：for in range()循环 66
3.5.4 循环结构的嵌套 67

3.6 综合应用 70

习题 71

第4章 组合数据类型 77

4.1 组合数据概述 77
4.1.1 初识组合数据 77
4.1.2 常见组合数据类型 78

4.2 序列类型——列表与元组 79
4.2.1 序列通用操作及操作符 79
4.2.2 列表 81
4.2.3 元组 86
4.2.4 推导式 88

4.3 字典与集合 90
4.3.1 字典 90
4.3.2 集合 96

4.4 综合应用 99

习题 102

第5章 函数和模块化编程 107

5.1 函数的定义和调用 108

目　录

　　　5.1.1　函数的定义 108
　　　5.1.2　函数的调用 109
　　　5.1.3　函数的形参和实参 112
　　　5.1.4　默认参数和不定长参数 112
　　　5.1.5　位置参数和关键字参数 113
　　　5.1.6　函数的返回值 115
　　　5.1.7　函数变量的作用域 116
　5.2　匿名函数和递归函数 117
　　　5.2.1　匿名函数 117
　　　5.2.2　递归函数 118
　5.3　模块化编程 120
　　　5.3.1　标准库 121
　　　5.3.2　自定义模块 121
　　　5.3.3　开源模块 122
　5.4　综合应用 125
　习题 127

第6章　文件 133

　6.1　文件概述 133
　6.2　文件的打开和关闭 134
　　　6.2.1　文件的打开 134
　　　6.2.2　文件的关闭 136
　　　6.2.3　with语句和上下文管理器 136
　　　6.2.4　文件缓冲 137
　6.3　文件的读写 137
　　　6.3.1　文本文件的读取和写入 138
　　　6.3.2　二进制文件的读取和写入 141
　6.4　CSV文件 142
　　　6.4.1　读取CSV文件 142
　　　6.4.2　CSV文件的写入 143
　6.5　JSON文件 145
　6.6　文件和文件夹操作 146
　6.7　综合应用 148
　习题 150

第7章　面向对象概述 155

　7.1　面向对象的概念 155
　7.2　类的定义 156

7.3 面向对象的特征 159
7.3.1 封装 159
7.3.2 类的继承 162
7.3.3 多态性 163
7.3.4 运算符重载 165
7.4 类、模块和库包 166
习题 167

第8章 程序调试与异常处理机制 169
8.1 程序调试 169
8.1.1 语法错误 170
8.1.2 逻辑错误 170
8.1.3 运行错误（异常） 173
8.2 程序异常处理 175
8.2.1 规避出现异常 176
8.2.2 捕获程序异常：try-except-else-finally 176
8.2.3 抛出指定异常：raise 语句 180
8.2.4 触发固定异常：assert 断言 182
8.3 综合应用 183
习题 184

第9章 Python计算生态和第三方库 190
9.1 Python的第三方库 190
9.1.1 第三方库的安装 191
9.1.2 数据分析第三方库 194
9.1.3 可视化图表第三方库 197
9.1.4 热词统计第三方库 201
9.1.5 网络爬虫第三方库 203
9.2 Python与人工智能 206
9.2.1 搜索策略 206
9.2.2 机器学习 208
9.3 综合应用 211
习题 216

参考文献 216

第 1 章 程序设计概述

本章概要

本章主要介绍程序与程序设计核心，简述计算机硬件构成及流程，回顾程序设计语言发展历程。重点介绍Python语言背景、特点及广泛应用。同时，详述Python开发环境，包括IDLE、Anaconda、PyCharm等IDE，并讲解程序创建、编辑与运行方法。

学习目标

- 了解计算机和程序运行的基本方式。
- 了解程序语言的发展。
- 了解Python语言的基本特点和应用。
- 掌握使用Python语言开发工具，编写简单的程序。

程序是一个来源于管理界的术语，管理中强调细节决定成败，而程序就是处理细节的最佳工具，程序是管理方式的一种，它能够发挥出协调高效的作用，本书涉及的程序则是指：利用计算机程序的语言（语言的基础是一组记号和一组规则，根据规则由记号构成的记号串的总体就是语言）书写记号串。为实现某一功能或完成某一计算任务编写记号串就是程序设计。

1.1 程序与程序设计语言

19世纪中期，科学的发展催生了大量需要快速解决且复杂的计算问题。这些问题包括简单的定积分计算、n元方程组的求解，以及更为复杂的弹道计算、天气预报等。这些计算任务具有计算量大、过程机械重复的特点。为应对这些挑战，电子计算机作为一种高效计算工具应运而生。其自动化和超快速的特点极大地解放了人们在数学计算中的机械、重复劳动。

时至今日，电子计算机已不仅仅是一个计算工具，而是进化为具备一定智能的"电脑"，在各行各业都发挥着不可替代的作用。尽管如此，计算机的基本工作原理仍未改变：首先，需要由能完成各种计算的硬件设备构成实体计算机；其次，用户根据问题的特性编写程序；最后，计算机运行程序以得到处理结果。

随着大数据、云计算、物联网和元宇宙等概念的兴起，以及人工智能和虚拟现实等应用的逐步普及，信息技术正在深刻改变人们的工作和生活方式。而这些新技术和应用的核心就是程序。我们生活在一个以程序为驱动的时代。几乎所有高科技成就，如机器人、火箭发射、航空母舰、高科技武器、智慧农业、工业4.0、智能电网、智能汽车和高速铁路等，都是在程序的精确控制下实现的。

因此，了解、理解并掌握编程技能对每个人来说都至关重要。我们需要知道程序是什么，为什么它能如此深刻地改变世界，以及它是如何工作的。通过深入了解程序，我们可以更好地适应这个日新月异的数字化时代。

1.1.1 程序和计算机运作基本原理

1. 程序

计算机可以执行各种各样的任务，因为它们执行不同的程序，每个程序都指示计算机处理特定任务。

计算机是一种能够存储数据（如数字、文字、图片等）、与各种设备（如显示器、音响系统、打印机等）进行交互，并执行程序的机器。计算机程序由一系列微小而详细的指令组成，这些指令告诉计算机如何完成特定的任务。计算机本身及其外围设备统称硬件，而计算机所执行的程序则称为软件。

现代计算机程序的高度复杂性令人难以置信，它们竟然是由一些非常基础的指令构建而成的。典型的指令可能包括在屏幕的特定位置放置一个红点、将两个数字相加，或者在某个值为负时执行特定的程序分支等。尽管每个指令都非常简单，但当一个程序中包含了大量这样的指令，并且计算机能够高速执行它们时，计算机用户就会感受到一种交互流畅的错觉。

计算机程序的设计和实现过程称为编程。在本书中，你将学习如何给计算机编程，也就是如何编写能够引导计算机执行特定指令的程序。通过掌握编程技能，你将能够充分利用计算机的强大功能，实现各种有趣和实用的应用。

2. 计算机运作基本原理

要理解软件和编程过程，你需要了解计算机的硬件构成和工作流程。这里以个人计算机为研究主体，其他大型计算机拥有更快、更大或更强大的组件，但它们具有基本相同的设计，分别应用于不同的场景。微型计算机的硬件结构采用1946年冯·诺依曼提出的硬件框架，即由运算器、控制器、存储器、输入设备和输出设备组成。

中央处理器（central processing unit，CPU）由运算器和控制器集成。控制单元从程序中读取并执行指令的动作是自动连续进行的，直到程序执行结束。运算单元是CPU的运算中心，计算机依赖运算单元完成两种运算，即算术运算（加减乘除）和逻辑运算（与或非）。一切信息，无论声音、图像、文字，在计算机内部均使用二进制数表示，计算机对任何信息的处理，都被归结为一系列算术运算和逻辑运算。所谓编程，实质上是考虑如何根据待处理问题的解决方法，转化为一系列的计算过程。

CPU负责程序控制和数据处理。也就是说，CPU定位并执行程序指令；它执行算术运算，如加法、减法、乘法和除法；它从外部存储器中获取数据，并将数据存储到内存储器中。计算机存储设备分为内存储器和外存储设备两种存储类型，其中内存储器是由内存芯片组成，必须在供电下才可用；而外存储设备，通常指硬盘，在没有电的情况下可持续存在的存储器。计算机既存储数据又存储程序，它们位于外存储设备中，当程序启动时，加载到内存中。然后程序更新内存中的数据，并将修改后的数据写回外存储设备。

冯·诺依曼提出的计算机硬件结构如图1-1所示。

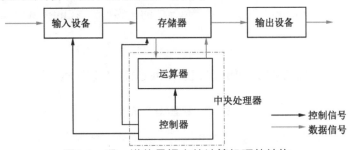

图1-1　冯·诺依曼提出的计算机硬件结构

为了与人类用户交互，计算机需要外围设备。计算机通过显示屏、扬声器和打印机等设备向用户传输信息，显示结果，称为输出。用户通过使用键盘或诸如鼠标等设备向计算机输入信息，称为输入。有些计算机是通过自带的单元完成，而另一些则是相互连接的通过网络完成。计算机可以通过网络从中央存储位置读取数据和程序，或发送数据到其他计算机。对于联网中的计算机用户，他们可能无法确定哪些数据位于本计算机上，哪些是经由网络传输的。

程序指令和数据（如文本、数字、音频或视频）存储在硬盘、光盘（或DVD）或网络上的其他位置。当程序启动后，它被带入内存，CPU可以读取它。CPU一次读取一条指令。根据这些指令的指示，CPU读取数据，修改数据，并将其写回内存或硬盘。一些程序指示、指令将引导CPU在显示屏或打印机上放置点，或使扬声器振动。由于这些动作会以极快的速度多次发生，用户从而感知到图像和声音。

1.1.2　程序设计语言

程序设计语言是计算机能够理解和识别的一种语言体系，用于描述程序中操作过程的命令、规则的符号集合。它是实现人与计算机交流的工具。为了让计算机按照人的意愿处理数据，必须用程序设计语言表达要处理的数据和数据处理的流程。所谓程序设计，就是程序员针对要计算机解决的问题，依据计算机硬件结构的工作原理，设计出解决问题的方法（即算法），并分解为具体的、计算机可以执行的一系列步骤。然后再把这个解决问题的步骤序列，用程序设计语言写出对应的指令代码（又称语句），这个指令代码序列即所谓程序。

程序设计就是通常所说的编写程序，编程就像人们写文章，作者通过文字语言与阅读者交流，编程是通过计算机语言编写程序实现使用者和计算机的信息交流。由于计算机不能理解人类的自然语言，所以不能用自然语言编写程序，只能使用专门的程序设计语言来编写。首先程序员编写程序代码，形成程序文件，由计算机将程序文件读入内存；然后，由CPU的控制器自动连续地从内存中读取程序文件中的指令代码（也可能是要处理的数据）到CPU中；最后，CPU按指令代码规定的动作进行数据处理，也就是执行程序。

程序设计语言诞生至今，经历了机器语言、汇编语言、高级语言三个发展阶段。

1．机器语言

众所周知，计算机指令由若干位二进制码，即"0"和"1"组成，一条指令分成操作码和操作数两部分。机器语言是指由若干条指令组成的计算机指令集。通常，不同的计算机，其指令系统会有所不同。每一条机器指令一般包含两个主要部分：操作码（规定了指令的功能）和操作数（规定了被操作的对象）。有的指令没有操作数，如停止指令。在这些指令的控制下，计算机可以实现最基本的算术运算和逻辑运算。

例如，将地址为00000100B 的字节存储单元中的内容加5，在Intel 8086指令系统的机器语言如图1-2所示。

10000011　00000110　00000100　00000101

图1-2　机器语言示例

机器语言的优势是计算机能直接识别并执行，劣势是编程者需要熟记指令集中非常多的指令代码，而且这些指令代码都是由0、1这两个二进制数码组合而成，长度不一定相同。指令代码和要实现的功能的对应关系由人们约定，不便记忆，容易产生书写错误且不容易被发现。机器语言是一种面向计算机的语言，编写完的程序可读性差，调试和修改有相当的难度，不易推广和交流。

2. 汇编语言

汇编语言对机器语言做了改进，使用助记符代替机器指令。汇编语言的助记符，把机器指令中枯燥、规律性不明显的0、1数字串变得更接近人类的自然语言，这样，人们就可以比较容易读懂程序中的指令代码，便于纠错及维护。汇编语言指令是机器指令的符号化，称为汇编指令。汇编指令的基本表示形式是以英文单词的缩写符号代表操作码，以十六进制形式表示操作数。假设a、b均为8位二进制整数。分配寄存器AL对应a、BL对应b，寄存器AL是复用的，两数相加后对应x。汇编语句序列如下（每一行分号";"以后的内容为注释，用于解释对应的语句）：

```
MOV AL,4     ;使AL=4，寄存器AL对应第1个整数，相当于a=4
MOV BL,5     ;使BL=5，寄存器BL对应第2个整数，相当于b=5
ADD AL,BL    ;使AL与BL的值相加，结果保存在AL中，相当于a=a+b
```

汇编语言不能直接使用公式进行计算。汇编不支持+、-、*、/和括号等运算符号，汇编使用ADD、SUB、MUL、DIV等操作码表示四则运算。例如，语句（3）置AL=AL+BL（寄存器AL原来的值不再保留，改为记录相加后的结果，相当于a=a+b）。

汇编语言相比机器语言易于读写、修改和调试，同时具有机器语言执行速度快，占用内存空间少等优点。汇编语言也是一种面向机器的语言，依赖于具体的计算机种类，不同计算机有不同结构的汇编语言，不能够移植。

3. 高级语言

随着计算机应用的快速发展，人们追求更高效、更普及的编程方式，以减少对指令的记忆量并提高指令的集成度。为满足这一需求，高级编程语言应运而生并迅速发展。这类语言面向用户，独立于计算机种类，形式接近算术语言和自然语言，更符合人们的使用习惯，无须关心计算机实现细节。高级编程语言的语法类似人类自然语言，使编程过程变得简单自然，如同写文章一般。然而，计算机无法直接识别高级编程语言的代码，需要通过编译程序将其翻译成二进制指令代码才能执行。

随着计算机的普及，目前共有几百种高级语言出现，有重要意义的有几十种，其中影响较大、使用较普遍的有FORTRAN、ALGOL、COBOL、BASIC、LISP、Pascal、VB、C、C++、

C#、Java、Python、PHP 等。用Python语言实现两数加法的核心代码如下：

```
a=4         #创建a为整型对象
b=5         #创建b为整型对象
x=a+b;      #计算公式，结果赋值给x
```

由于计算机无法读懂接近人类语言的形式化描述语句（高级语言），必须把高级语言程序转化为计算机所能执行的机器指令。完成这一任务的专门软件称为高级语言系统，常称为高级语言的翻译程序。人们在定义好一个程序语言之后，必须开发一套使该语言能转换为计算机可执行代码的软件。高级语言的翻译程序分为两类，分别是编译程序和解释程序。

使用编译程序的高级语言，在执行程序之前，将程序源代码编译连接生成可执行程序，文件扩展名为.exe，可执行程序可以脱离语言环境独立执行，但是程序源代码一旦修改，必须再重新编译、连接生成可执行文件，再运行。现在大多数编程语言都是编译性的，如C、C++等。

使用"解释程序"的高级语言，翻译方式类似于日常生活中的"同声翻译"。应用程序源代码或翻译后的字节码文件一边由解释器"翻译"成目标代码，一边执行，因而它的执行效率较低，不能生成可执行程序，不能脱离解释器，只能在语言环境中执行程序。但它修改方便，可以随时修改随时运行。如BASIC是解释型语言，而Python、Java是先翻译成字节码文件再解释执行的语言。

1.2 Python语言简介

Python是一种结合了解释性、编译性和交互式的面向对象计算机编程语言。Python 优雅的语法和动态类型，使其在大多数平台的许多领域成为编写脚本或开发应用程序的理想语言。Python语言的可读性强，又提供了丰富的内置标准库和第三方库，不需要复杂的算法处理就能实现丰富的功能，以及其简单易学、上手快的特性，使得Python语言非常适合程序设计初学者和非计算机专业人士作为第一门编程语言来学习。

1.2.1 Python语言的特点

Python是一种高级编程语言，它具有简洁易读、动态类型、面向对象、跨平台、可扩展性等特点。以下是对Python语言及其特点的详细描述：

① 简洁易读。Python采用简洁的语法和清晰的代码结构，使得代码易于阅读和理解。相比其他编程语言，Python代码通常更加简洁，可以用更少的代码实现相同的功能。这使得Python成为初学者的理想选择，因为它可以减少编码负担，提高代码的可读性和可维护性。

② 动态类型。Python是一种动态类型语言，变量的类型在运行时可以自动推断，无须显式声明。这使得Python编程更加灵活，减少了类型转换的烦琐操作。此外，Python还具有自动内存管理机制，即垃圾回收机制，可以自动释放不再使用的内存，减少了内存管理的复杂性。

③ 面向对象。Python支持面向对象编程，可以使用类和对象来组织和管理代码。面向对象的编程范式使得代码更加模块化、可重用和易于维护。Python既支持面向过程编程，也支持面向对象编程，这使得它成为一种非常灵活和多功能的编程语言。

④ 跨平台。Python可以在多个操作系统上运行，包括Windows、Linux、macOS等。这使得

Python成为一种非常流行的跨平台编程语言，可以轻松地在不同的操作系统上开发和部署应用程序。

⑤ 可扩展性。Python可以通过调用C/C++编写的扩展模块来提高性能，还可以与其他语言进行混合编程。这使得Python成为一种非常强大的编程语言，可以轻松地扩展和定制其功能。

⑥ 丰富的标准库和第三方库。Python拥有丰富的标准库和第三方库，可以满足各种开发需求。标准库包含了各种功能模块，如文件操作、网络通信、数据库连接等。此外，还有大量的第三方库可供使用，例如NumPy、Pandas、Matplotlib等，这些库可以用于数据分析、机器学习、Web开发等领域。

⑦ 社区支持和活跃度。Python拥有庞大而活跃的开发者社区，提供了丰富的资源和支持。这意味着在学习和使用Python的过程中，可以轻松地找到解决问题的方法和答案，以及与其他开发者交流和分享经验。

总之，Python是一种非常强大、灵活和易用的编程语言，具有广泛的应用领域和前景。无论是初学者还是经验丰富的开发者，都可以从Python中受益并享受编程的乐趣。

1.2.2 Python语言的应用

Python具有丰富和强大的库，因此其昵称为"胶水"语言，其含义是它能够把用其他语言制作的各种模块（尤其是C/C++）高效连接在一起。在解决实际问题时常用的方法为：使用Python快速生成程序的原型（有时甚至是程序的最终界面），再对其中有特殊需要的部分用更合适的语言改写。例如，3D游戏中的图形渲染模块，性能要求特别高，需要用C/C++重写，再封装为Python可以调用的扩展类库。在使用扩展类库时需要考虑平台问题，有些跨平台时存在一些问题需要进行相应的处理。

Python的丰富资源可以应用在以下领域：

① 系统编程。Python提供的API（application programming interface，应用程序编程接口）能方便地进行系统维护和管理，可作为系统管理员首选的编程工具之一。

② 图形处理。Python提供了PIL、Tkinter等图形库支持，能方便地进行图形处理。

③ 数学处理。Python的NumPy扩展库提供了大量与许多标准数学库的接口，从而便捷地实现数学处理。

④ 文本处理。Python提供的re模块能支持正则表达式，同时提供了SGML、XML分析模块，因此可作为XML程序的开发工具。

⑤ 数据库编程。Python可通过遵循Python DB-API（数据库应用程序编程接口）规范的模块与Microsoft SQL Server、Oracle、Sybase、DB2、MySQL、SQLite等数据库通信。

⑥ 网络编程。Python具备丰富的模块支持Sockets编程，能方便快速地开发分布式应用程序。

⑦ Web编程。Python作为应用的开发语言，支持最新的XML技术，由此成为Web编程常用的工具之一。

⑧ 多媒体应用。Python的PyOpenGL模块封装了"OpenGL应用程序编程接口"，能进行二维和三维图像处理，由此成为编写游戏的软件工具。

1.3 Python的集成开发环境

集成开发环境(integrated development environment,IDE)是一个为编程者提供便利的应用程序,它集成了代码编辑器、调试工具以及特定于某种编程语言的支持。对于Python开发者而言,IDE不仅提供了源代码的录入、编辑、语法高亮、调试跟踪等功能,还常常包含对Python包和模块的管理工具。这些IDE通常具备一个用户友好的图形界面,通过智能的代码提示和自动补全功能,帮助程序者更高效地编写Python代码。

例如,当编程者开始输入一个Python函数或变量的名称时,IDE可以自动联想并补全剩余的字符,这大大减轻了记忆负担并提高了编码速度。此外,IDE还能自动匹配括号、引号等符号,确保代码的语法正确性。

除了基本的编码辅助功能外,IDE还提供了强大的调试工具。编程者可以设置断点、单步执行代码、查看变量的实时值,甚至在运行时修改变量的值。这些功能对于定位和解决程序中的逻辑错误至关重要。

当Python源代码编写完成后,IDE通常提供一键运行的功能,自动执行代码并显示输出结果。一些高级的IDE还支持代码的远程部署和运行,允许编程者在不同的环境(如服务器或云平台)中测试和运行代码。

随着Python的广泛应用,除了自带的IDLE之外,越来越多的IDE开始支持Python开发。比如Anaconda、PyCharm、Visual Studio Code(通过安装Python扩展)、Spyder等。这些IDE各具特色,有的专注于提供丰富的Python库支持,有的则强调轻量级和快速启动。编程者可以根据自己的需求和偏好选择合适的IDE进行Python开发。

1.3.1 Python的安装

Python的发布版本对Windows平台的支持有所限制,仅限于Microsoft视为处于延长支持周期内的Windows版本。具体来说,Python 3.11支持Windows 8.1及更高版本。如果你使用的是Windows 7并需要Python支持,可选择安装Python 3.8版本。

Windows用户可以选择多种不同的Python安装程序,每种程序都有其独特的优点和适用场景。

1. 安装python

① 从Python官网免费下载最新版本的安装程序,如图1-3所示。

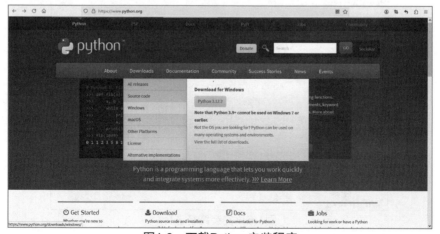

图1-3 下载Python安装程序

② 在下载页面中根据操作系统和系统字长（32位和64位）选择安装包，如图1-4所示。这里选择Windows installer(64-bit)，下载.exe格式的可执行程序，这是完整的离线安装包。下载后，双击python-3.11.8-amd64.exe文件，即可按向导提示进行安装。

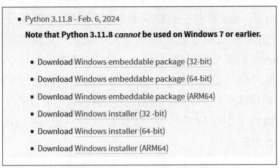

图1-4　Python安装包选择

③ 进入安装向导。为使以后操作系统中任意路径上的Python程序都能正确找到安装路径，可在安装时选择Add python.exe to PATH复选框（见图1-5）。为方便今后对安装路径的操作，建议选择Customize installation选项将安装路径（Customize install location）设置为C:\python311，如图1-6所示，单击Install按钮即可开始安装。

图1-5　Python安装

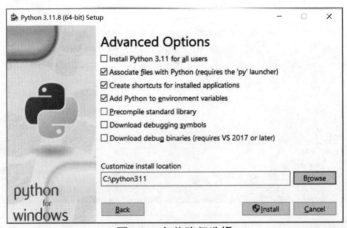

图1-6　安装路径选择

④ 添加Python安装路径也可通过对操作系统环境变量的设置实现，具体操作步骤为：打开"控制面板"窗口→"系统和安全"→"系统"窗口，单击"高级系统设置"选项，弹出"系统属性"对话框，单击"高级"选项卡中的"环境变量"按钮，弹出"环境变量"对话框在"系统变量"列表框中选择Path选项，单击"编辑"按钮，在弹出的对话框中添加安装路径和脚本工具安装路径（如C:\\python311和C :python311\ Scripts），如图1-7所示。

图1-7　系统环境配置

2. 运行IDLE

安装成功后，可以通过Windows"开始"所有菜单中的程序子菜单找到Python的启动菜单项，如图1-8所示，单击IDLE选项即可启动IDLE（Python编辑器），开始Python体验之旅，如图1-9所示。

图1-8　启动主界面

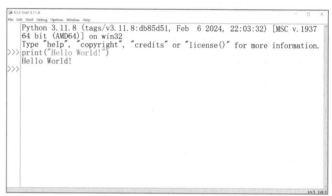

图1-9　IDLE运行界面

1.3.2　Anaconda环境配置

Anaconda是一个开源的数据科学和机器学习平台，它包含了Python发行版以及多个常用的数据分析和机器学习库。除此之外，Anaconda还提供了一个名为conda的包管理器和环境管理器，使得用户可以轻松地安装、更新和管理Python包和虚拟环境。

可以从Anaconda官网或国内镜像网站 https://mirrors.tuna.tsinghua.edu.cn/anaconda/archive/ 免费下载安装软件，如图1-10所示。本书后面部分案例是基于Anaconda3-2019.10版本实现的。

文件名	大小	日期
Anaconda3-2019.10-Linux-ppc64le.sh	320.3 MiB	2019-10-16 00:20
Anaconda3-2019.10-Linux-x86_64.sh	505.7 MiB	2019-10-16 00:20
Anaconda3-2019.10-MacOSX-x86_64.pkg	653.5 MiB	2019-10-16 00:21
Anaconda3-2019.10-MacOSX-x86_64.sh	424.2 MiB	2019-10-16 00:22
Anaconda3-2019.10-Windows-x86.exe	409.6 MiB	2019-10-16 00:23
Anaconda3-2019.10-Windows-x86_64.exe	461.5 MiB	2019-10-16 00:23
Anaconda3-2020.02-Linux-ppc64le.sh	276.0 MiB	2020-03-12 00:04
Anaconda3-2020.02-Linux-x86_64.sh	521.6 MiB	2020-03-12 00:04
Anaconda3-2020.02-MacOSX-x86_64.pkg	442.2 MiB	2020-03-12 00:04

图1-10　Anaconda下载

1. 安装Anaconda

从Anaconda官网下载对应操作系统的安装程序。运行安装程序，按照提示完成安装。安装过程中可以选择为所有用户安装还是仅为当前用户安装（建议当前用户），并可以自定义安装路径，安装过程中选中图1-11所示的两个复选框。

安装完成后，可以看到在Windows"开始"菜单的"所有程序"列表中添加了Anaconda3程序组，如图1-12所示，其中包含多个应用程序。Anaconda Navigator可提供第三方工具包的管理工具，Anaconda Prompt是命令行工具，Jupyter Notebook是一个交互式的编程环境，Spyder是一个Python集成开发环境。

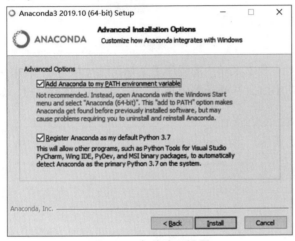

图1-11　安装选项设置

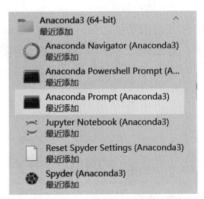

图1-12　Anaconda 程序组

安装成功后，可以按【Windows+R】组合键打开"运行"对话框，输入cmd命令，即可进入命令窗口，输入python并按【Enter】键，若出现图1-13所示的信息，则Anaconda安装成功。

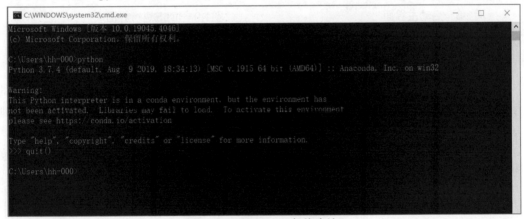

图1-13　Anaconda安装确认1

输入quit()退出python；输入conda，如图1-14所示，则Anaconda检验完成。通过以上步骤，可以继续配置Anaconda环境，激活配置好的环境，并在该环境中安装所需的包，即可开始使用Python进行编程。

图1-14　Anaconda安装确认2

2. 使用Jupyter Notebook

Jupyter Notebook是一个基于Web的交互式笔记本。它将程序存放在一个文件中，并分割成多个片段运行展示。它的程序可反复修改、运行代码片段；它可以展示代码成果，如文本、代码和图像等。打开程序组Jupyter Notebook，会启动操作系统默认的浏览器，进入Web交互窗口界面，可以开始命令的交互执行，如图1-15和图1-16所示。

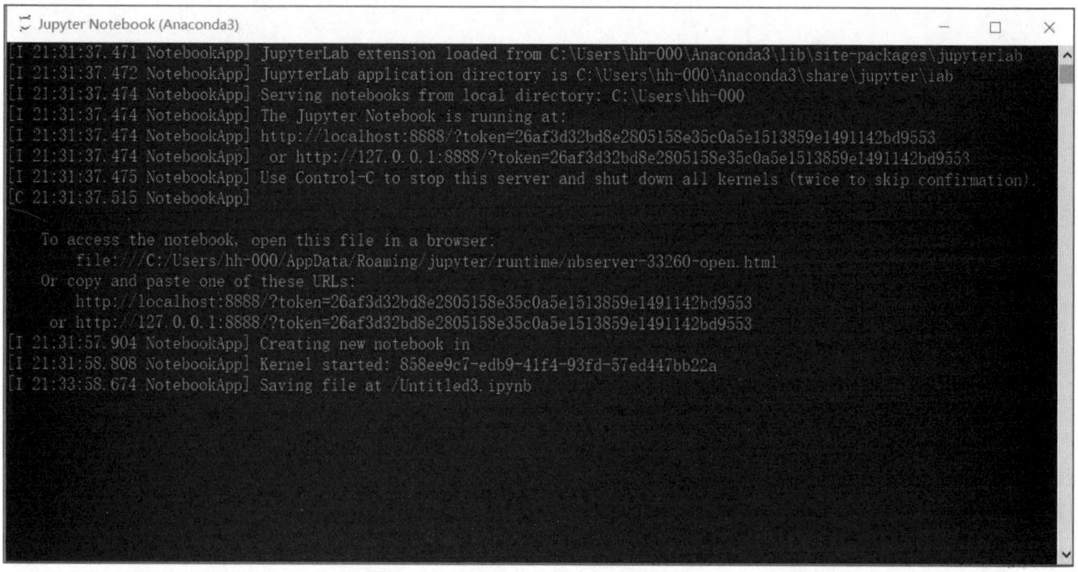

图1-15　Jupyter Notebook 启动

图1-16　Jupyter Notebook 页面

3. 使用Spyder

打开程序组Spyder，可进入一个集成开发界面。在左边的编辑框中写入程序代码，单击"运行"按钮▶，运行结果显示在右下角的Console窗口中，如图1-17所示。

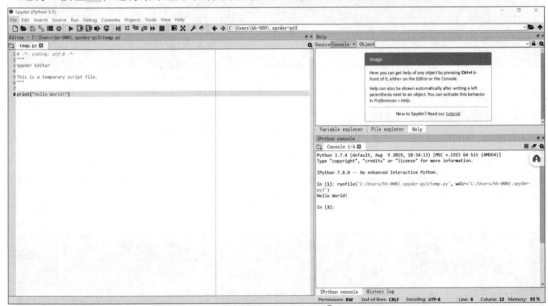

图1-17　Spyder界面[①]

1.3.3　其他编辑环境

除了上面介绍的编辑环境，还有很多其他集成开发环境可适用于Python语言开发，编程者可根据自己的喜好选择。

① PyCharm是一款由JetBrains开发的流行的Python IDE，它具备的功能有调试、语法高亮、Project管理、代码跳转、智能提示、自动完成、单元测试、版本控制等。另外，PyCharm还提供了一些很好的功能用于Django开发，同时支持Google App Engine。Django是一个开放源代码的Web应用框架，由Python写成。采用了MTV框架模式，即模型M、模板T和视图V。它最初是被开发来用于管理劳伦斯出版集团旗下的一些以新闻内容为主的网站，属于CMS（内容管

[①] 本书中所用的Anaconda版本是2019版，配的Python是3.7版，Anaconda中Spyder版本是自带的，和自己安装的Python版本可以不同，不影响使用。如果是Anaconda 2023，则Python的版本就是3.11。

理系统）软件。这套框架是以比利时的吉普赛爵士吉他手Django Reinhardt来命名的。许多成功的网站和App都是基于Django开发的。因为PyCharm（Python IDE）是用Java编写的，所以必须安装JDK才可以运行。

② Visual Studio Code（简称VS Code）是一个可运行于macOS、Windows和Linux之上的，针对编写现代Web和云应用的跨平台源代码编辑器。它具有对JavaScript、TypeScript和Node.js的内置支持，并具有丰富的其他语言（如C++、C#、Java、Python、PHP、Go）和运行环境（如.NET和Unity）扩展的生态系统。

1.4 Python程序

想使用计算机解决问题，却无从下手，是每个初学者会遇到的问题。本节将告诉初学者，编写程序最基本的处理步骤是什么，通过几个程序实例初步了解使用Python语言编写程序基本结构，以及计算机解决问题的基本过程是什么。

1.4.1 运行Python程序的方式

运行Python程序有两种方式：交互式和文件式。交互式指Python解释器即时响应用户输入的每条代码，给出输出结果。文件式又称批量式，指用户将Python程序写在一个或多个文件中，然后启动Python解释器批量执行文件中的代码。这里介绍利用Python IDLE集成开发环境来运行Python程序。它是一个小规模软件项目的主要编写工具，本书大多数程序代码都可以通过IDLE编写并运行，对于单行代码，可采用交互式进行描述（命令行符号>>>），对于多行代码的情况，则采用文件式。代码量比较大的程序，建议采用功能更强大的Anaconda或PyCharm来编辑运行。

1. 使用Python IDLE命令交互式

打开Python IDLE Shell，在命令提示符>>>下输入一条命令，查看运行结果。如图1-18所示，在命令提示符后输入一条输出命令print("Python 的第一个程序")，按【Enter】键后输出结果为：Python的第一个程序。一个命令提示符后只能执行一条程序语句。所以这种方式只适合调试少量代码。

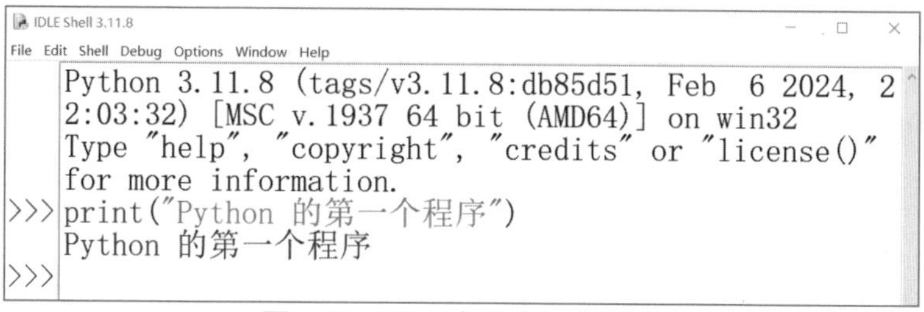

图1-18　IDLE命令交互式程序

交互式程序也可以启动Windows操作系统命令行工具（按快捷键【Windows+R】），切换到Python的安装路径下，在控制台中输入python，在命令提示符>>>下输入命令并运行，如图1-19示。

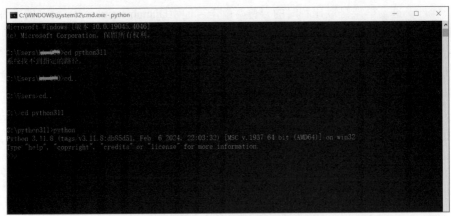

图1-19　cmd启动Python命令

2. 文件式

Python IDLE除了提供Shell交互解释器界面，还提供了一个简单的程序文件的集成开发界面。选择File→New File命令，打开一个程序文件的编辑界面，按照语法格式编写代码，并保存为.py格式文件。选择Run→Check Module命令检查程序的语法，选择Run→Run Module命令运行程序，运行结果显示在Shell窗口中，如图1-20所示。

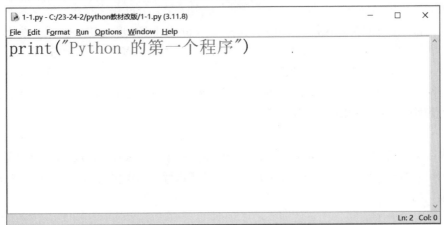

图1-20　IDLE编写Python程序文件

Python程序不仅可以在IDLE中编写，也可以用记事本或其他编辑器完成，然后利用IDLE以文件的形式打开。选择File→Open命令，可以打开一个已经编写好的程序文件。

1.4.2　初识Python程序

【例 1-1】绘制图形示例。利用Python IDLE创建一个新文件，输入对应的代码，保存为"绘制图形.py"文件，如图1-21所示。

第1章 程序设计概述

```
import turtle                  #导入绘图库
painter=turtle.Turtle()        #创建绘图的turtle对象
painter.pencolor("blue")       #设置画笔颜色
for i in range(50):            #反复画蓝色
    painter.forward(50)
    painter.left(123)
painter.pencolor("red")        #设置画笔颜色
for i in range(50):            #反复画蓝色
    painter.forward(100)
    painter.left(123)
turtle.done()                  #结束绘制
```

图1-21　创建程序文件

程序运行结果如图1-22所示。

图1-22　绘制图形结果

1. Python程序的构成

程序是由数据和算法构成的，也就是说在程序中要表示数据，还要描述数据处理的过程，程序设计语言必须具有数据表示和数据处理（控制结构）的能力。Python程序可以分解为模块、语句、表达式和对象。Python是面向对象的语言，所有数据都是对象；Python程序由模块构成，一个模块即为一个以.py为扩展名的源文件，一个Python程序可以由一个或多个模块构成。模块是由语句构成的，执行程序时，会由上而下顺序地执行模块中的语句。语句是用来处理数据、实现算法的基本单位。语句包含表达式，表达式用于创建和处理对象。

2. Python程序基本语法

（1）基本字符

编写程序就好比使用一种语言来写文章，文章都是由字符构成的。一般把用程序语言编写的未经编译的程序称为"源程序"。源程序实际上是一个字符序列。Python的源程序是以.py为扩展名的文本文件，Python语言的基本字符包括：

• 数字字符：0、1、2、3、4、5、6、7、8、9；
• 大小写拉丁字母：a~z、A~Z；
• 中文字符；
• 其他可打印字符，如!@#$%&()*?:<>+-=\[]{};

- 特殊字符，如空格符、换行符、制表符等。

（2）标识符

程序中有很多需要命名的对象，标识符是指在程序书写中一些特定对象的名称，包括变量名、函数名、类名、对象名等，比如例1-1程序代码中的painter对象名。

Python中的标识符命名规则如下：

- 由大小写英文字母、汉字、数字、下划线组成；
- 以英文字母、汉字、下划线为首字符，不能以数字开头，长度任意；
- 大小写敏感，即对于标识符，Python区分其大小写，如python和Python是两个不同的名字；
- 不能与Python关键字同名；
- 为了增加程序的可读性，通常使用有一定意义的标识符命名变量，如Day_of_year、ID_number等。

（3）关键字

Python的关键字随版本不同有一些差异，可以在Python Shell中输入help()命令查阅。

在IDLE中编写代码时，输入关键字时会以不同颜色区分，比如例1-1程序代码中的import、for、in三个关键字。

（4）注释

注释是代码中加入的一行或多行信息，对程序的语句、函数、数据结构等进行说明，以此来提升代码的可读性。注释是一种辅助性文字，在编译或解释时会被编译器或解释器忽略，不会被计算机执行。

Python语言中只提供了单行注释的符号。单行注释用"#"开始，Python在执行代码时会默认忽略"#"和该行中"#"后的所有内容。

Python语言并没有专门的多行注释符号，在Python程序中实现多行注释可以使用多行字符串常量表示。多行字符串常量以三个单引号开始，三个单引号结束，或者以三个双引号开始，三个双引号结束，不可混用。如果在调试程序时想大段删减代码，可以使用多行注释将这些代码注释掉。想重新加入这段代码，只需将多行注释符号去掉即可，十分方便。

（5）语句书写规则

语句是程序最基本的执行单位，程序的功能就是通过执行一系列语句实现的。Python语言中的语句分为简单语句和复合语句。

简单语句包括表达式语句、赋值语句、输入/输出语句、函数调用语句、pass空语句、del删除语句、return语句、break语句、continue语句、import语句、global语句等。

复合语句包括if选择语句、while循环语句、for循环语句、with语句、try语句、函数定义、类定义等。

Python语句的书写一般要遵循如下规则：

- Python语言通常一行一条语句，使用换行符分隔；
- 从第一列开始顶格书写，前面不能有多余空格；
- 复合语句的构造体必须缩进，比如代码中的for语句；
- 如果语句太长，可以使用反斜杠（\）实现多行语句；
- 分号可以用于在一行书写多条语句。

（6）模块与系统函数

一般的高级语言程序系统中都提供系统函数丰富语言功能。Python的系统函数由标准库中的很多模块提供。标准库中的模块又分成内置模块和非内置模块，内置模块__builtin__中的函数和变量可以直接使用，非内置模块要先导入模块，再使用。

Python中的内置函数是通过__builtin__模块提供的，该模块无须手动导入，启动Python时系统会自动导入，任何程序都可以直接使用它们。比如程序代码中的range()函数，用于产生一个数值序列。可以在Python Shell 中通过dir(__builtins__)语句查阅当前版本中提供的内置函数有哪些，再通过help()函数查阅函数的使用方法。

非内置模块在使用前要先导入模块，Python中使用如下语句导入模块：

```
import<模块名>
```

其中，模块名也可以有多个，多个模块名之间用逗号分隔。该语句通常放在程序的开始部分。模块导入后，可以在程序中使用模块中定义的函数或常量值，其一般形式如下：

```
<模块名>.<函数>(<参数>)
<模块名>.<字面常量>
```

【例1-2】数学库导入和使用示例。

代码如图1-23所示。

```
Python 3.11.8 (tags/v3.11.8:db85d51, Feb  6 2024, 22:03:32) [MSC v
.1937 64 bit (AMD64)] on win32
Type "help", "copyright", "credits" or "license()" for more inform
ation.
>>> import math           #导入数学库
>>> math.pi               #查看圆周率常数
3.141592653589793
>>> math.pow(math.pi,2)   #函数pow(x,y)，求x的y次方
9.869604401089358
>>> #计算边长为8.3和10.58，两边夹角为37度的三角形的面积的表达式为：
>>> 8.3*10.58*math.sin(37.0/180*math.pi)/2
26.423892221536985
>>>
```

图1-23　库导入和使用示例代码

这里为了单行命令调试方便，采用了交互式的程序方式，方便看到每一条指令的结果。math库是Python提供的内置数学类函数库，它提供了许多数学函数和常量，可以帮助用户进行数学运算。math库不支持复数类型，仅支持整数和浮点数运算。导入库的方式有几种，引入方式不同，对应函数的使用方式不同，还要注意所引入模块中的函数名等与现有系统中不产生冲突。

除了上述导入库方式，还可以通过import命令明确引入模块的函数名，一般形式如下：

```
from <模块名>import<函数名>
```

使用这种方法导入的函数，调用时直接用函数名调用，不需要加模块前缀。例如，例1-2中的math库导入修改为第二种方式，因此math库中所有函数可以采用<函数名>()的形式直接使用，如图1-24所示。

```
>>> from math import sqrt
>>> sqrt(16)
4.0
>>> from math import *
>>> sqrt(64)
8.0
>>>
```

图1-24　导入库的其他方式

习题

单选题

1. 计算机程序设计语言分为机器语言、（　　）和高级语言。
   A. 低级语言　　　B. 函数式语言　　　C. 表达式语言　　　D. 汇编语言
2. 下面关于 Python 语言的说法错误的是（　　）。
   A. Python 源代码区分大小写
   B. Python 语言是解释性的，可以在 >>> 提示符下交互输入 Python 语句
   C. Python 语言是编译执行的，不支持逐条语句执行方式
   D. Python 用 # 引出行注释
3. 下列不合法的 Python 变量名是（　　）。
   A. Python2　　　B. N.x　　　C. sum　　　D. Hello_World
4. 下列不是 Python 关键字的是（　　）。
   A. for　　　B. or　　　C. false　　　D. in
5. Python 代码的注释使用（　　）。
   A. //　　　B. /*……*/　　　C. %　　　D. #
6. 在程序中合法使用 y = sqrt(123) 语句，需要先执行的命令是（　　）。
   A. import math
   B. import math from sqrt
   C. import sqrt from math
   D. from math import*

第 2 章 程序设计初步

本章概要

本章主要介绍Python的基本数据类型及常用的几种基本运算符，以及Python的内置函数库等，通过掌握这些基础知识，进而初步掌握基本的Python程序设计方法。

学习目标

- 掌握语法规范及基本类型数据的概念及应用。
- 掌握基本运算符的应用。
- 熟悉Python的内置元素及应用。

计算机要处理的是各种各样的数据，如数值、文本、图形、视频、音频、网页等。不同类型的数据表示方式各不相同，而现在，几乎所有计算机都采用二进制数（binary）编码方式，所以日常所用到的数据如果要在计算机中表示，也需要表示成二进制的方式。不同的数据在计算机中的表示方式不同，处理方式也不同。掌握好不同的数据类型及其可以进行的计算，才能正确地编写程序。

2.1 数据类型及其应用

数据是区分数据类型的，不同数据类型的表示方式和运算机制各不相同。

2.1.1 数据和变量

1. 数据

Python语言能够直接处理的基本数据类型有数值、字符串、布尔值等，每种数据类型都有相应的类型名称，表2-1中"示例"列中的数据就是相应类型的常量。

视频

数据类型及应用

表 2-1　Python 的基本内置数据类型

对象类型	类型名称	示例
数字	int、float、complex	1234、3.1415、1.3e5、3+4j
字符串	str	'usst'、"I'm student"、'''Python '''、r'abc'
列表	list	[1, 2, 3]、['a', 'b', ['c', 0]]、[ ]
字典	dict	{1:'food' ,2:'taste', 3:'import'}、{ }
元组	tuple	(1, 2, 3)、('a', 'b', 'c')、( )
集合	set	set('abc')、{'a', 'b', 'c'}
布尔值	bool	True False
空类型	NoneType	None

2. 变量

变量是指在程序运行过程中可以改变的量。将数据存储在内存中，用一个名称来访问数据对象，这个名称就是变量名，通过变量访问对象称为对象的引用。

Python 中的变量不需要声明。在对象引用之前，需要通过赋值语句将对象赋值给变量，即将对象绑定到变量，通过赋值号"="给变量赋值。给变量赋值即是定义了一个变量，变量获得值及相应值所对应的数据类型。变量可以反复赋值，还可以赋不同类型的值。重新给变量赋值会改变所赋值变量的id值。

若有程序段"x=123"，程序先在内存中创建了一个"123"的数字常量，然后在内存中创建了一个变量x，并将变量x指向"123"，若通过type(x)查看变量类型，结果如图2-1所示。

Python语言是面向对象的程序设计语言，数据存储在内存后被封装为一个对象，每个对象都有唯一的id值，内置函数id(x)可查看对象的id值，如图2-2所示。

```
>>> x=123
>>> type(x)
<class 'int'>
>>>
```

图2-1　查看变量类型

```
>>> id(123)
140722533516896
>>> id('a')
2723121151536
>>> id(0.5)
2723153082480
```

图2-2　查看对象的id值

2.1.2　数值类型

数值类型的数据有整数（int）、浮点数（float）、复数（complex）、布尔值（bool）、空值等。

1. 整数（int）

Python中整数与数学中整数的概念和表示方式相同，如123、-1、0等。整数类型符用int表示。Python 3之后的版本对整数的大小没有限制，理论上是无穷的，实际应用中受计算机内存大小的限制。导入math库函数后，应用求阶乘函数math.factorial(x)测试一下整数的取值范围，如图2-3所示，100的阶乘有158位数，10000的阶乘太大，编辑器已折叠起来，展开后有35 660位数，因此若将其展开，会极大影响编辑器的速度。

```
>>> import math
>>> math.factorial(100)
93326215443944152681699238856266700490715968264381621468592963895217599993229915608941463976156518286253697920827223758251185210916864000000000000000000000000
>>> math.factorial(10000)
Squeezed text (714 lines).
>>> x=math.factorial(10000)
>>> print(len(str(x)))
35660
>>>
```

图2-3 整数的大小

Python的整数可以用二进制、八进制、十进制、十六进制表示。二进制是数据在计算机内部的终极表示方法，而且有些算法是直接操作二进制的位（bit）进行运算的；但二进制表示数据不方便读写程序，因此有时候用八进制或十六进制表示整数比二进制更方便；而十进制是人们日常使用的表示方法。

除十进制外，其他进制整数的表示方式如下：

二进制：以0b或0B为前导符，且由0和1组成的数据，十进制数65可表示为0b01000001。

八进制：以0o或0O为前导符，且由0、1、2、3、4、5、6、7组成的数据，十进制数65可表示为"0o101"。

十六进制：用0x或0X为前导符，由0~9、a~f表示，如0xff00、0xa5b4，十进制数65可表示为"0x41"。

2. 浮点数（float）

浮点数又称实数，之所以称为浮点数，是因为按照科学计数法表示时，一个浮点数的小数点位置是可变的，比如，1.23×10^9和12.3×10^8是完全相等的。浮点数可以用数学的写法，如1.23、3.14、-9.01等。但是对于很大或很小的浮点数，就必须用科学计数法表示，把10用e替代，1.23×10^9就是1.23e9，或者12.3e8，0.000012可以写成1.2e-5，等等。

整数和浮点数在计算机内部存储的方式不同，整数运算永远是精确的，而浮点数运算则大多数会出现误差。

3. 布尔值（bool）

布尔值和布尔代数的表示完全一致，一个布尔值只有True、False两种，要么是True，要么是False。在Python中，可以直接用True、False表示布尔值（请注意大小写），关系运算的结果也是布尔值。布尔值还可以直接与数字进行运算，用1和0代表True和False。布尔值及其运算示例如下：

```
>>> True
True
>>> False
False
>>> 3>2
True
>>> 3>5
False
>>> 3+True
4
>>> 3-False
3
```

布尔值经常用在条件判断中，当表达式成立，其值为True，则条件成立，执行相应的语句。

【例2-1】在条件判断中应用布尔值示例。
程序代码：

```
age=int(input('输入年龄： '))
if age>=18:
    print('adult')
else:
    print('teenager')
```

在上面的语句中，if后面表达式的值如果是True，则输出adult，如果是False，则输出teenager。

4. 复数（complex）

在科学计算中，如方程求根、矩阵求特征值等，会出现复数类型（complex），在Python中，complex类型表示形式a+bj或a+bJ，也可直接使用complex()函数进行定义。

5. 空值

空值是Python里一个特殊的值，用None表示。None不能理解为0，因为0是有意义的，而None是一个特殊的空值。

2.1.3 字符串

字符串是由多个字符组成的。Python可以处理的字符有数字字符、英文字符、各种标点符号以及随操作系统使用的各种语言字符，包括汉字和其他语言。这些符号不能直接转换为二进制的形式存储在计算机中，因此先将这些字符进行编码，每个字符对应一个整数编码。

西文字符使用ASCII码编码格式，ASCII码用7位二进制进行编码，能表示2^7=128个字符，这些字符包括52个英文字母（大小写）、10个阿拉伯数字0~9、32个专用符号（!、#、$、%、^、*、(、)、<、>等）、34个控制字符。

Python 3使用Unicode字符集，当前系统使用的是utf-8编码格式，utf-8编码中的西文字符的编码与ASCII码一致。utf-8编码对全世界所有国家和地区需要用到的字符进行了编码，以1字节表示西文字符（兼容ASCII编码），以3字节表示中文，还有些语言符号使用2字节（如俄语和希腊语符号）或4字节。在我国中文编码使用GB/T 2312，使用1字节表示西文，2字节表示中文；GBK是GB/T 2312的扩充，而CP936是微软在GBK基础上开发的编码方式。GB/T 2312、GBK和CP936都是使用2字节表示中文。同一个字符（特别是西文字符之外的字符）用不同的编码格式存储，其在内存中表示可能会不同。

字符串是最常用的、重要的序列类型数据之一。序列数据就是指一系列的数据，数据中的每个元素都有一个编号，即索引。Python的序列数据主要有字符串、列表、元组。

1. 字符串及其变量

把一个或多个字符用一对引号［单引号（'）、双引号（"）、三单引号（'''）或三双引号（"""）］括起来，就是一个合法的字符串。定义字符串变量可通过以下代码实现：

【例2-2】创建字符串示例。
代码如下：

```
>>> str1='hello'              #定义字符串
>>> str2="Python"             #用双引号定义字符串
>>> str3='''Welcome to Python
World!'''                     #定义多行字符串，用三引号括起来多行字符
```

2. 转义字符

有些特殊的字符不能直接用一个字符表示，Python利用反斜杠"\"来转义字符，如换行符（\n）、制表符（\t）、退格符（\b）等。常用转义字符及含义见表2-2。

表 2-2 常用转义字符及含义

转 义 字 符	含　　义	ASCII 码值
\a	响铃（BEL）	007
\b	退格（BS），将当前位置移到前一列	008
\t	水平制表（HT）（跳到下一个Tab位置）	009
\n	换行（LF），将当前位置移到下一行开头	010
\v	垂直制表（VT）	011
\f	换页（FF），将当前位置移到下页开头	012
\r	回车（CR），将当前位置移到本行开头	013
\'	代表一个单引号（撇号）字符	039
\"	代表一个双引号字符	034
\?	代表一个问号	063
\\	代表一个反斜杠 '\'	092
\ddd	3位八进制数所代表的任意字符	3位八进制数
\xhh	2位十六进制数所代表的任意字符	2位十六进制数
\uhhhh	4位十六进制数表示的Unicode字符	4位十六进制数

【例 2-3】 转义字符的应用示例。

程序代码：

```
>>> s='君不见\n黄河之水天上来\t奔流到海不复回'        #换行符\n与制表符\t
>>> print(s)
君不见
黄河之水天上来    奔流到海不复回
>>> print('\101')                #三位八进制数对应的字符
A
>>> print('\x41')                #两位十六进制数对应的字符
A
```

为了避免对字符串中的转义字符进行转义，可以使用原始字符串（raw string），即在字符串前面加上字母r或R表示原始字符串，其中的所有字符都表示原始的含义而不会进行任何转义。如print(r'hello\tChina')中的'\t'不会进行转义，直接输出"hello\tChina"。

3. 字符串索引

索引在Python中就是编号的概念，字符串、元组、列表都有索引的概念，可以根据索引找到它所对应的元素，就好像根据电影票上的座位号可以找到对应的座位。利用方括号运算符[ ]可以通过索引值得到相应位置（下标）的字符。有n个字符的字符串，其索引（见图2-4）为：

① 从左向右的正向索引，n个字符的字符串，其索引值从0～n-1；

② 从右向左的负数索引，n个字符的字符串，其索引值从-1～-n。

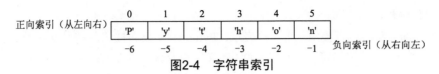

图2-4 字符串索引

若有字符串变量str2 ="Python"，则字符'o'的引用方式为str2[4]或str2[-2]。

> **注意：**
> 字符串是不可变的对象，不能通过索引改变字符串的值，如以下代码所示，会引发"TypeError"异常。

```
>>> str1[0]='U'
Traceback(most recent call last):
    File "<pyshell#11>",line 1,in <module>
        str1[0]='U'
TypeError:'str' object does not support item assignment
```

4. 字符串切片

Python提供了切片操作获取字符串的子串。常用的格式如下：

```
<字符串>[start:end:step]
```

该操作返回字符串从start到end（不包括end）且步长为step的字符生成新的字符串，step省略时，步长为1，返回索引从start到end（不包括end）的子串，其中start、end、step均为整数。

【例2-4】字符串操作示例。

程序代码：

```
>>> s='Hello World!'
>>> s[:5]                #start省略时，默认值为0
'Hello'
>>> s[6:]                #end省略时，默认包含最后一个字符
'World!'
>>> s[:]                 #start和end都省略时，表示取整个字符串
'Hello World!'
>>> s[::-1]              #start和end都省略，步长为-1时，字符串逆序
'!dlroW olleH'
>>> s[6:0]               #当start大于end，步长为正时，结果为空字符串，不报错
''
```

字符串的切片在实际项目中十分有用。图2-5所示为使用Python编写爬虫程序后，从电子商务网页中解析出来的同类商品的部分商户地址。为了统计各省市同类商户的数量，需要将省市名称提取出来进行统计。

```
商户地址
山东省青岛市市北区****街道***号
山东省青岛市李沧区****街道***号
广东省广州市海珠区****街道***号
北京市北京市朝阳区****街道***号
```

图2-5 字符串示例

提取省市名称的代码如下:

```
address='山东省青岛市市北区****街道***号'
prov=address[:2]
```

5. 字符串格式化

格式化字符串（format string）是指在编程过程中，通过特殊的占位符，将对应的信息整合或提取的规则字符串。可以通过格式化的方式将变量或值插入字符串中。Python中的格式化字符串有两种方式：%和format。

（1）使用%运算符进行格式化

一般格式如下：

```
'格式控制字符串'%(值序列)
```

格式控制字符串包括普通字符和格式控制符号，普通字符包括所有可以出现在字符串对象中的中英文字符、标点符号、转义字符等，格式控制符号及表示类型见表2-3。

表2-3 格式控制符号及表示类型

格式控制符号	表示类型	格式控制符号	表示类型
%f / %F	浮点数	%o	八进制整数
%d / %i	十进制整数	%x / %X	十六进制整数
%s	字符串	%e / %E	科学计数
%u	十进制整数	%%	输出 %

此外还可以加上±m.n的修饰，m表示输出宽度，n表示小数点位数，m和n均为整数，+表示右对齐，-表示左对齐。

【例2-5】使用格式控制符构造输出对象示例。

程序代码:

```
>>> #输出格式日期时间
>>> y,m,d=2021,9,10
>>> hh,mm,ss=9,32,29
>>> print('%d-%d-%d %d:%d:%d'%(y,m,d,hh,mm,ss))
2021-9-10 9:32:29
>> #计算指定边长的矩形面积
>>> a,b=3,4
>>> c=a*b
>>> formatstr='边长是%d和%d的矩形面积是:%7.2f'
>>> print(formatstr%(a,b,c))
边长是3和4的矩形面积是:  12.00
>>> print("%s"%(1/3))              #以字符串格式输出，含小数点共18位
0.3333333333333333
>>> print("%f"%(1/3))              #以浮点数格式输出，默认输出6位小数
0.333333
```

说明：

%d表示相应数据以十进制整数形式显示，%7.2f表示相应数据以浮点数、宽度为7、保留两位小数的形式显示。宽度7是整个输出宽度包括小数点，不足左边补空格。超过7位则

按实际位数输出。

右边的 % 运算符就是用来格式化字符串的。在字符串内部，%s 表示用字符串替换，%d 表示用整数替换，有几个 % 占位符，后面的值序列就跟几个变量或者值，按顺序对应，用圆括号括起来。若不太确定用哪种类型的占位符，可以使用 %s，%s 会把任何数据类型转换为字符串输出。

（2）格式化函数format

format()函数是通过{}表示一个需要替换的值的格式，将值插入字符串中花括号{}的位置完成字符串的格式化。一般格式如下：

'<输出字符串>'.format(参数列表)

参数说明：

输出字符串由{}和输出的具体文字组成。花括号{}内格式如下：

{<参数序号>:<格式说明符>}

参数列表：包含一个或多个参数，每个参数用逗号分隔。

参数序号可以省略，按默认次序，与参数列表中参数的序号对应，第一个参数的序号为0，依次递增。

格式说明符的完整格式如下：

[[填充]对齐方式][正负号][#][0][宽度][分组选项][.精度][类型码]

方括号表示可选，类型码见表2-4，默认为字符串类型。

表 2-4 类型码

类 型 码	表 示 类 型	类 型 码	表 示 类 型
f/F	浮点数	o	八进制整数
d	十进制整数	x/X	十六进制整数
b	二进制整数	%	百分数表示
s	字符串	e/E	科学计数
c	ASCII 码对为字符	g	通用 general 格式

具体说明如下：

[宽度]：指定输出的最小宽度，为整数。默认输出数据的实际宽度。数据实际宽度小于最小宽度，填充字符，默认填充空格。数据实际宽度大于最小宽度，按实际宽度输出。

[.精度]：为整数，指定了浮点数小数点后面小数位数，四舍五入。不能指定整数的精度。

[对齐方式]：为一个修饰符，<表示左对齐、>表示右对齐、^表示居中。

[填充]：为单个字符，表示数据长度不足指定宽度时用于填充的字符。

[正负号]：选项仅对数字类型生效，取值有三种：

+：正数前面添加正号，负数前面添加负号；

-：仅在负数前面添加负号（默认行为）；

空格：正数前面需要添加一个空格，以便与负数对齐。

[#]：设置输出时添加前缀符。给二进制数加上 0b 前缀；给八进制数加上 0o 前缀；给十六进制数加上 0x 前缀

[分组选项]：设置对数据进行分组。逗号","，使用逗号对数字以千为单位进行分隔；下

划线"_",使用下划线对浮点数和 d 类型的整数以千为单位进行分隔。对于 b、o、x 和 X 类型,每四位插入一个下划线,其他类型都会报错。

【例2-6】 format()函数构造格式输出示例。

程序代码:

```
>>> name=input("你的名字:")
你的名字:李白
>>> print("你好, {}! ".format(name))              #省略方式
你好,李白!
>>> print('{},{},{}'.format('a','b','c'))         #默认顺序和格式
a,b,c
>>> print('{2},{1},{0}'.format('a','b','c'))      #指定序号
c,b,a
>>> print("int:{0:d};hex:{0:x};oct:{0:o};bin:{0:b}".format(65))
int:65;hex:41;oct:101;bin:1000001
>>> print('{:<30}'.format('left '))               #左对齐
left
>>> print('{:>30}'.format('right '))              #右对齐
                         right
>>> print('{:^30}'.format('center'))              #居中对齐
            center
>>> print('{:%>30}'.format('center'))             #用%填充
%%%%%%%%%%%%%%%%%%%%%%%%center
```

【例2-7】 format()函数构造数值输出格式示例。

程序代码:

```
>>> #计算指定边长的矩形面积
>>> a,b=3,4
>>> c=a*b
>>> print('边长是{:d}和{:d}的矩形面积是:{:7.2f}'.format(a,b,c))
边长是3和4的矩形面积是:  12.00
```

在字符串前加f,与format的功能相似,上面的输出语句可写为:

f'边长是{a:d}和{b:d}的矩形面积是:{c:7.2f}'

格式化字符串的结果如图2-6所示。

```
>>> a, b=3, 4
>>> c=a*b
>>> f'边长是{a:d}和{b:d}的矩形面积是:{c:7.2f}'
'边长是3和4的矩形面积是:  12.00'
>>>
```

图2-6 f格式化字符串

6. 字符串的常用函数

类似format格式化字符串的用法,输入字符串后再输入"."时会弹出一个下拉列表,列表中是字符串对象的方法列表,如图2-7所示。方法是对象的一个特性,是对象可以进行的操作,本质上是一个函数。

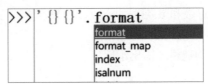

图2-7　字符串的方法

常用的字符串方法有index()、find()、split()、join()、lower()、upper()、replace()等。

（1）index()

格式：S.index(sub[,start[,end]])

作用：返回一个字符串sub在另一个字符串S的指定范围[start,end]中首次出现的位置（第1个字符的位置为0），不指定范围则默认整个字符串，如果不存在则抛出异常。

（2）find()

格式：S.find(sub[,start[,end]])

作用：返回一个字符串sub在另一个字符串S的指定范围[start,end]中首次出现的位置，如果不存在则返回-1。

（3）split()

格式：S.split(str=None, num−1)

作用：split()以指定字符为分隔符，把当前字符串从左向右按分隔符分隔成多个字符串，并返回包含分隔结果的列表；其中，第一个参数str为分隔符，如果不指定分隔符，默认为所有的空白符，包括空格、换行（\n）、制表符（\t）、多个连续空格等；num表示分隔次数，默认值为−1，即分隔所有。

（4）join()

格式：S.join(iterable)

作用：join()将字符串S作为连接符，将序列数据的每个元素串连成一个字符串，如图2-8所示。

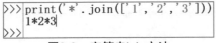

图2-8　字符串join方法

（5）lower()、upper()：无参函数

作用：S.lower()将字符串S中的所有大写字母转换为小写字母；S.upper()将字符串S中的所有小写字母转换为大写字母。

（6）replace()

格式：S.replace(old,new,count=−1)

作用：replace()将字符串S中的old子串用new子串替换，count为替换次数，count值为−1则默认全部替换。

2.2　运算符和表达式

表达式是数据对象和运算符按照一定的规则写出的式子，描述计算过程。例如，算术表达式由计算对象、算术运算符及圆括号构成。最简单的表达式可以是一个常量或一个变量。表达式的运算结果必定是一个值，运算结果的数据类型由表达式中的计算对象的类型和操作符决定。

Python语言提供了丰富的运算符，例如算术运算符、关系运算符、赋值运算符、逻辑运算符等，表2-5列出了优先级由高到低排列的Python运算符。

表 2-5　Python 运算符

运 算 符	描　　述	运 算 符	描　　述
**	指数 / 幂	|	按位或
~	按位翻转	<、<=、>、>=、==、!=	比较
单目+、单目−	正负号	is、is not	同一性测试
*、/、//、%	乘、除、整除、求余	in、not in	成员测试
+、−	加、减	not	逻辑非
<<、>>	移位	and	逻辑与
&	按位与	or	逻辑或
^	按位异或		

与之对应的表达式可以分为算术表达式、逻辑表达式、关系表达式、逗号表达式等。

2.2.1　算术运算符

数值数据支持算术运算符，数值数据的+（加）、−（减）、*（乘）、/（除）与数学中的运算相同。算术运算符的功能见表2-6，其中正负号（+/−）优先级最高，幂运算（**）高于乘、除、整除和模（*、/、//、%，同级），最低为加（+）、减（−）。

表 2-6　算术运算符

运 算 符	功 能 描 述	示　例（a = 8，b = 5）	
+	加：两个对象相加	print(a+b)	#结果为 13
−	减：得到负数或是一个数减去另一个数	print(a−b)	#结果为 3
*	乘：两个数相乘	print(a*b)	#结果为 40
/	除：两个数相除	print(a/b)	#结果为 1.6
%	取模：返回除法的余数 模与除数同号，或是零	print(a%b) print(−10//3)	#结果为 3 #结果为 2
//	取整除：返回商的整数部分，向下取整	print(a//b) print(−10//4)	#结果为 1 #结果为 −3
**	幂：返回 x 的 y 次幂	print(a**b)	#结果为 32768
+、−	正、负号，一元运算符		

1. 加法运算（+）和乘法运算（*）

加法（+）和乘法（*）运算符作用在数值数据时与数学上的运算相同，除此之外还可以作用在字符串、列表、元组等序列数据上，分别表示序列数据的连接和复制。

注意：
除了数值数据之外，Python 不支持不同类型的对象进行相加。

【例2-8】 序列数据的+和*示例。

程序代码：

```
>>> 'I'+'□love'+"□shanghai"+'赞'*30    #□代表空格
'I love shanghai赞赞赞赞赞赞赞赞赞赞赞赞赞赞赞赞赞赞赞赞赞赞赞赞赞赞赞赞赞赞'
>>> 32*'赞'
'赞赞赞赞赞赞赞赞赞赞赞赞赞赞赞赞赞赞赞赞赞赞赞赞赞赞赞赞赞赞赞赞'
>>> 'USST'+115+'周年'              #字符串与数值不能进行相加，抛出类型错误异常
Traceback(most recent call last):
    File "<pyshell#64>",line 1,in <module>
        'USST'+115+'周年'
TypeError:can only concatenate str(not "int") to str
>>> 'USST' + str(115) + '周年'       # str函数将整数转换为字符串
USST115周年
```

2. 整除运算（//）和模运算（%）

整除（//）和模（%）与乘除的优先级相同。

整除采用的是向下取整的算法得到整数结果。向下取整，即向负无穷大的方向取整，运算结果是小数为0的数，但不一定是 int 类型。

【例2-9】 整除（//）运算示例。

程序代码：

```
>>> print(10.0//2)                  #结果不为整型
5.0
>>> print(10//2)
5
>>> print((-1)//2)                  #向负取整，-0.5取整为-1
-1
>>> print(1//(-2))
-1
>>> print(1//2)
0
```

模运算又称求余运算，若有取模运算a%b，则相当于 a-(a//b)*b，余数与除数b的符号相同，向下取整。在实际应用中，模运算经常用到。例如，新生入学点名，每10人站一排，每4排为一班，此时必定要用到模运算。

【例2-10】 模（%）运算示例。

程序代码：

```
>>> print(4%-3)
-2
>>> print(4%3)
1
>>> print(9.8%3)
```

```
0.8000000000000007
>>> print(-11%-4)
-3
```

3. 幂运算（**）

幂运算又称乘方运算，表达式x**y相当于内置函数pow(x,y)，求x的y次方。其中，x和y可以是整数也可以是浮点数。

【例 2-11】幂运算（**）示例。

程序代码：

```
>>> print(2**10)
1024
>>> print(pow(2,10))          #内置函数pow
1024
>>> print(10**-3)
0.001
>>> print(2**0.5)             #计算2的平方根
1.4142135623730951
```

2.2.2 赋值运算符和复合赋值运算符

赋值运算是程序设计中最基本的运算。在Python中，创建一个变量就是通过给变量赋值来实现，只有给变量赋值，变量的值才会改变。

1. 赋值运算（=）

赋值运算的功能是将赋值号（=）右边的表达式的值计算出来，赋值给左边的变量。赋值号的左边必须是变量。可以给多个变量赋一个相同的值，也可以同时给几个变量赋不同的值。

2. 复合赋值运算

复合赋值运算是多种运算符（算术运算和位运算）与赋值运算符的结合，例如+=、*=、/=、%=、&=、//=、**=、&=、|=等。表达式x+=1相当于x=x+1，但复合赋值+=的写法更符合编译原理。

【例 2-12】赋值运算示例。

程序代码：

```
>>> print(x=y=z=1)            #赋值号不能出现在其他语句中
SyntaxError:invalid syntax
>>> x=y=z=1                   #同时给多个变量赋一个相同的值
>>> x,y,z
(1,1,1)
>>> x,y,z=1,2,3               #给多个变量赋不同的值，
>>> x
1
>>> x +=1
>>> x
2
>>> x,y,z=1,2                 #赋值号右边值的个数少于左边的变量个数
```

```
Traceback(most recent call last):
    File "<pyshell#16>",line 1,in <module>
        x,y,z=1,2
ValueError:not enough values to unpack(expected 3,got 2)
```

2.2.3 关系运算符

关系运算又称比较运算，比较两个值，并确定它们之间的关系，是相等还是不等、大于还是小于。Python的关系运算符见表2-7。

表2-7 关系运算符

运算符	相关说明	示例（a＝3，b＝5）
==	检查两个操作数的值是否相当	a == b 结果为 False
!=	检查两个操作数的值是否不相等	a != b 结果为 True
>	检查左操作数的值是否大于右操作数的值	a > b 结果为 False
<	检查左操作数的值是否小于右操作数的值	a < b 结果为 True
>=	检查左操作数的值是否大于或等于右操作数的值	a >= b 结果为 False
<=	检查左操作数的值是否小于或等于右操作数的值	a <= b 结果为 True

 说明：

- 关系运算的结果是逻辑值，不是True就是False。Python所有的内建类型都支持关系运算，数值类型会根据数值大小和正负进行比较，字符串会比较字符串对应位置的字符，比较的是字符的Unicode码值。除数值类型数据之外，不同类型数据之间不能进行比较。
- 关系运算符可以连续使用，x<y<=z 等价于 x<y and y<=z。
- == 运算符将两个对象进行比较，判断它们是否相等；!= 判断两个对象是否不相等。特别要注意赋值运算是"="，关系运算的等于是"=="。
- 所有关系运算符的优先级相同，比逻辑运算优先级高，运算的结合方向为从左往右。

【例2-13】 关系运算示例。

程序代码：

```
>>> int(input('输入整数: '))%2==0          #判断输入的整数是否为偶数
输入整数: 12
True
>>> 100>=int(input('输入成绩: '))%2>=0      #判断输入的成绩是否为百分制
输入成绩: 95
True
>>> print(0.1+0.2==0.3)                    #尽量避免直接判断两个浮点数是否相等
False
```

2.2.4 逻辑运算符

逻辑运算符有三个，分别为not、and、or，用于连接两个条件表达式以构成更复杂的条件表达式。例如，例2-13的百分制成绩可表示成 100 >= score >= 0，实际上描述的是score大于或等于0同时小于或等于100，等价与 100 >= score and score >=0。这里，and是逻辑与运算，当两边表达式的值都是True时，整个表达式的值才为True，才是成立的。逻辑运算符的功能见表2-8。

表 2-8　逻辑运算符

运算符	表达式	功能描述
or	x or y	如果 x 的值为 False，返回 y 值，否则返回 x 值 短路运算符，只有在第一个参数为假值时才会对第二个参数求值
and	x and y	如果 x 值为 False，返回 x 值，否则返回 y 值 短路运算符，只有在第一个参数为真值时才会对第二个参数求值
not	not x	用于反转操作数的逻辑状态 如果 x 为 True，返回 False 如果 x 为 False，返回 True

说明：

- x 和 y 表示两个表达式，可以是常量、变量、任意表达式，只要能判断其值是否为 False。只要不是 False，即认为其值是 True。
- 在 Python 中，None、任何数值类型中的 0、空字符串""、空元组 ()、空列表 []、空字典 {} 都被认为是 False，其他值为 True。
- not 为逻辑非运算，运算结果是 True 或 False，在逻辑运算中优先级最高，or 最低，优先级升序排序：or<and<not。逻辑运算优先级低于算术运算、关系运算。
- 逻辑或（or）和逻辑与（and）运算都具有短路特性。

若 or 左侧表达式值为 True，则 or 右侧所有的表达式直接短路不执行，不管表达式是否含有 and 还是 or 运算，直接输出 or 左侧表达式。

若 and 左侧表达式值为 False，则短路 and 右侧的所有表达式，直到有 or 出现，结果为 and 左侧表达式到 or 的左侧，参与接下来的逻辑运算。

若没有遇到短路，则 and 或 or 运算直接取右侧表达式的值作为 and 或 or 运算的结果，因此 and 和 or 运算的结果不一定是 True 或 False。

同时出现 and 和 or 时，建议用加小括号的方法确定顺序，准确地表达逻辑顺序，提高程序的可读性和易维护性。

【例 2-14】逻辑运算示例。

程序代码：

```
>>> 3 and 5            #右侧表达式的值作为整个表达式的值
5
>>> 3 and 5>2
True
>>> 'y'>'x'==False     #等价与'y'>'x'  and  'x'==False
False
>>> 1==1 or 2==1       #短路
True
```

2.2.5　身份运算符与成员测试运算符

身份运算符 is 和 is not 用于比较两个对象是否为同一对象，也就是比较两个对象的内存地址是否相同，表达式 a is b 相当于 id(a) == id(b)，如果相等则返回 True，否则为 False。

成员测试运算符 in 用于测试一个对象是否为另一个对象（字符串、元组、列表、集合等）的元素。

【例 2-15】身份运算符和成员测试运算符示例。
程序代码：

```
>>> 5 in range(1,10,1)            #测试5是否为range函数产生的值
True
>>> 'cd' in 'abcdefg'             #测试'cd'是否为'abcdefg'的子串
True
>>> x=3
>>> y=3
>>> x is y                        #x和y指向的值相同，内存地址相同
True
>>> s='usst'
>>> s[1] is s[2]                  #指向的值相同，内存地址相同
True
```

2.2.6 位运算

位运算在一些算法中需要用到，其运算速度通常与加法运算相同，快于乘法运算，经常被用于提高运算效率。位运算符对二进制数进行运算，因此只能用于整数。

位运算执行过程为：首先将整数转换为二进制数，然后右对齐，必要的时候左侧补0，按位进行运算，最后再把计算结果转换为十进制数字返回。注意：数据在计算机内部以补码形式存储。Python的位运算符见表2-9。

表 2-9 位运算符

运算符	含义	运算规则
&	按位与	0&0 → 0; 0&1 → 0; 1&0 → 0; 1&1 → 1; 参与运算的两个数对应的二进制位同时为"1"，结果为"1"，否则结果为"0"。常用于清零
|	按位或	0|0 → 0; 0|1 → 1; 1|0 → 1; 1|1 → 1; 参与运算的两个数对应的二进制位只要有一个为1，结果为1，否则为0。常用于给二进制位置1
^	按位异或	0^0 → 0; 0^1 → 1; 1^0 → 1; 1^1 → 0; 参与运算的两个数对应的二进制位数值不同（为异），则该位结果为1，否则为0。两次与同一个数异或则得到原数
~	取反	~1 → 0; ~0 → 1; 单目运算符，用来对一个二进制数按位取反，即将0变1，将1变0
<<	左移	将一个数的各二进制位全部向左移 n 位，右边补0。每左移1位，相当于该数乘以2
>>	右移	将一个数的各二进制位全部向右移 n 位，正数左边补0，负数左边补1，移到右端的低位被舍弃。每右移1位，相当于该数除以2取整

【例 2-16】位运算示例。
程序代码：

```
>>> 3<<2
```

```
12
>>> 16>>2
4
>>> 12345^1998
14327
>>> 14327^1998
12345
```

2.3 常用内置函数

Python的内置（build-in）函数不需要导入任何模块可以直接使用，执行效率高，功能相同时优先考虑内置模块。在官网提供的编辑器IDLE的Python Shell中，内置函数显示为紫红色。当在Python Shell中定义一个标识符却发现它是紫红色时，尽量不要直接使用该标识符，以免与内置函数或内置对象有冲突。使用内置函数dir()可以查看所有内置函数和内置对象，使用help(函数名)可以查看某个函数的用法。常用的内置函数及其用法说明见表2-10。

内置函数和函数库

```
>>> dir(__builtins__)
>>> help(sum)              #查看sum函数的说明
```

表2-10 常用的内置函数及其用法说明

函　　数	功能简要说明
abs(x)	返回数字 x 的绝对值或复数 x 的模
ascii(obj)	把对象转换为 ASCII 码表示形式
bin(x)	把整数 x 转换为二进制串表示形式
bool(x)	返回与 x 等价的布尔值 True 或 False
complex(real, [imag])	返回复数
chr(x)	返回 Unicode 编码为 x 的字符
dir(obj)	返回指定对象或模块 obj 的成员列表，如果不带参数则返回当前作用域内所有标识符
divmod(x, y)	返回包含整商和余数的元组 ((x-x%y)/y, x%y)
enumerate(iterable[, start])	返回包含元素形式为 (0, iterable[0]), (1, iterable[1]), (2, iterable[2]), …的迭代器对象
eval(s[, globals[, locals]])	计算并返回字符串 s 中表达式的值
exit()	退出当前解释器环境
float(x)	把整数或字符串 x 转换为浮点数并返回
frozenset([x])	创建不可变的集合对象
globals()	返回包含当前作用域内全局变量及其值的字典
help(obj)	返回对象 obj 的帮助信息
hex(x)	把整数 x 转换为十六进制串
id(obj)	返回对象 obj 的标识（内存地址）
input([提示])	显示提示，接收键盘输入的内容，返回字符串
int(x[, d])	返回数字 x 的整数部分，或把 d 进制的字符串 x 转换为十进制并返回，d 默认为十进制

续表

函 数	功能简要说明
len(obj)	返回对象 obj 包含的元素个数
list([x])、set([x])、tuple([x])、dict([x])	把对象 x 转换为列表、集合、元组或字典并返回，或生成空列表、空集合、空元组、空字典
map(func, *iterables)	返回包含若干函数值的 map 对象，函数 func 的参数分别来自 iterables 指定的每个迭代对象
max(x)、 min(x)	返回 x 中的最大值、最小值，要求 x 中的所有元素之间可比较大小
oct(x)	把整数 x 转换为八进制串
open(name[, mode])	以指定模式 mode 打开文件 name 并返回文件对象
ord(x)	返回 1 个字符 x 的 Unicode 编码
pow(x, y, z=None)	返回 x 的 y 次方，等价于 x ** y 或 (x ** y) % z
print( )	输出函数，参数形式： value, …, sep=' ', end='\n', file=sys.stdout, flush=False
quit()	退出当前解释器环境
range([start,] end [, step])	返回 range 对象，其中包含左闭右开区间 [start,end) 内以 step 为步长的整数
repr(obj)	返回对象 obj 的规范化字符串表示形式，对于大多数对象有 eval(repr(obj))==obj
reversed(seq)	返回 seq（可以是列表、元组、字符串、range 以及其他可迭代对象）中所有元素逆序后的迭代器对象
round(x [, 小数位数])	对 x 进行四舍五入，若不指定小数位数，则返回整数
sorted(iterable,key=None, reverse=False)	返回排序后的列表，其中 iterable 表示要排序的对象，key 用来指定排序规则或依据，reverse 用来指定升序或降序
str(obj)	把对象 obj 直接转换为字符串
sum(x, start=0)	返回序列 x 中所有元素之和，返回 start+sum(x)
type(obj)	返回对象 obj 的类型
zip(seq1 [, seq2 [...]])	返回 zip 对象，其中元素为 (seq1[i], seq2[i], ...) 形式的元组，得到的元素个数取决于所有参数序列或可迭代对象中最短的那个

1．input() 输入函数

input()是Python的基本输入函数，input()函数接收键盘输入的所有字符。input()函数的一般格式如下：

```
变量=input('提示符')
```

输入的字符作为一个字符串赋值给变量，提示符可以省略，若输入时直接按【Enter】键，不输入其他任何字符，则得到一个空字符串。若不将输入的值赋值给一个变量，则可以起到暂停屏幕的作用，且按任意键继续。

如果输入的数据需要作为整数或浮点数来使用，需要使用内置函数int()、float()或eval()对用户输入的内容进行类型转换。转换时若出错，程序会报出异常，程序终止。

【例2-17】输入函数示例。

程序代码：

```
>>> x=input("请输入x:")
请输入x:1234
>>> type(x)
<class 'str'>
>>> x=int(input("请输入x:"))      #若输入的数据不能转换为int,则int函数报出异常
请输入x:1.5
Traceback(most recent call last):
    File "<pyshell#67>",line 1,in <module>
        x=int(input("请输入x:"))
ValueError:invalid literal for int() with base 10:'1.5'
```

2. print()输出函数

print()是Python的基本输出函数，print()函数将数据以指定的格式输出到标准控制台（屏幕）或指定的文件对象。print()函数的一般格式如下：

```
print(value,…,sep=' ',end='\n',file=sys.stdout,flush=False)
```

参数说明：

- value,…：为输出数据列表，在print()函数中用逗号分隔。
- sep=' '：用于设置输出数据之间显示出来的分隔符，默认以空格分隔。
- end='\n'：为用于设置print以什么结束输出，默认为换行符。
- file=sys.stdout：用于设置输出文件对象，默认为标准输出设备，即显示器。
- flush=False：是否将缓存中的内容立即输出到流文件，默认不缓存，常用于服务器。

【例2-18】输出函数示例。

程序代码：

```
>>> print(1,3,5,7,sep='*')
1*3*5*7
>>> print('{:.2f}'.format(3.14159))
3.14
>>> print('{2}\t{1}\t{0}'.format('USST','love','I'))  #利用格式字符串格式化输出
I       love        USST
```

3. abs()函数

abs(x)函数返回x的绝对值，x可以是整数或浮点数，当x为复数时返回复数的模。在例2-13中，表达式0.1+0.2==0.3的值是False，与实际不符，这是由于小数在计算机内部转换为二进制时，不能精确转换，因而产生误差。为解决此类问题，在判断两个浮点数是否相等时，一般将两个数相减，再求绝对值，当该值小于某个较小的数时，认为这两个数相等，即如以下代码：

```
>>> print(abs((0.1+0.2)-0.3)<1e-6)
True
```

4. 类型转换函数

① 进制转换函数：bin()、oct()、hex()分别将十进制整数转换为二进制、八进制和十六进制

形式，要求参数必须为整数。

② int()函数：int(x,base=10)，转换为整数，x可以为整数、实数、分数或合法的数字字符串。当x为数字字符串时，还允许指定第二个参数base用来说明数字字符串的进制，base的取值应为0或2~36之间的整数，其中0表示按数字字符串隐含的进制进行转换。

float()、complex()：float()用来将其他类型数据转换为实数，complex()可以用来生成复数。

【例2-19】int函数示例。

程序代码：

```
>>> int('0b11111111',2)
255
>>> int('1'*64,2)
18446744073709551615
>>> int('3.5')              #字符串中含有小数点或非数字字符，则出现异常
Traceback(most recent call last):
    File "<pyshell#80>",line 1,in <module>
        int('3.5')
ValueError:invalid literal for int() with base 10:'3.5'
>>> int(3.5)
3
```

③ ord()和chr()函数：ord()用来返回单个字符的整数Unicode码值，而chr()则用来返回一个Unicode编码对应的字符，str()则直接将其他任意类型参数转换为字符串。

【例2-20】ord()和chr()函数示例。

程序代码：

```
>>> chr(65)                 #返回数字65对应的字符
'A'
>>> chr(ord('A')+1)         #字符串和数字之间不支持加法运算，转换为整数
'B'
>>> chr(ord('上')+1)        #支持中文
'下'
```

④ eval()函数：函数的参数是一个字符串，将字符串当成有效的表达式来求值，并返回计算结果。

【例2-21】eval()函数示例。

程序代码：

```
>>> eval('3+5')
8
>>> x=eval(input('x='))
x=3+5
>>> x
8
>>> x=2
>>> print(eval('x+3'))
5
```

⑤ map()函数：函数形式为map(func, *iterables)，func为函数名称，*iterables 为可迭代对象。map()函数的功能是把一个函数func依次映射到迭代器对象的每个元素上，并返回一个可迭

代的map对象作为结果。

【例2-22】 有一个三位数,求其各位数字之和,并输出。

问题分析:

这个三位数的百位、十位、个位可通过数学的方法提取出来,但是要列三个表达式进行计算。因此考虑将这个三位数转换为字符串,再将int函数作用在字符串的每个元素上(即每个数字上),将每个数字字符转换为单独的整数,再求和。

程序代码:

```
x=496
a,b,c=map(int,str(x))
print("%d的各位之和为:%d"%(x,a+b+c))
```

运行结果如图2-9所示。

496的各位之和为:19

图2-9 运行结果图

⑥ range()函数:这是Python开发中常用的一个内置函数,用于生成整数序列,常用在for循环中。语法格式如下:

```
range([start,] end [,step])
```

有range(stop)、range(start, stop)和range(start, stop, step)三种用法。该函数返回一个range对象,其中包含左闭右开区间[start,end]内以step为步长的整数。参数start默认为0,step默认为1。

【例2-23】 range()函数示例。

程序代码:

```
>>> 5 in range(1,10,2)
True
>>> 5 in range(0,10,2)
False
>>> print(list(range(10)))        #用list()函数将range对象转换为列表
[0,1,2,3,4,5,6,7,8,9]
```

2.4 常用库函数

众所周知,Python的强大在于它有众多成熟的几乎支持各个领域的扩展库,但实际上,Python本身内置了非常多有用的模块(module)和库(library),只要把这些模块和库导入进来,就可使用。这些库涉及数学函数、字符串处理函数、随机函数、文件操作函数、图形界面处理函数等。

1. math函数库

math库是Python数学计算的标准函数库,支持整数和浮点数计算,共有44个常用的数学函数和5个数学常数,5个数学常数见表2-11。部分常用数学函数见表2-12~表2-14。但是这些函数不能直接使用,需要先导入程序中,不同的导入方式使得函数调用的方式也不同。

表 2-11　math 库的 5 个数学常数

函　数	功　能　描　述	示　　　例
math.pi	返回圆周率常数 π 值	print(math.pi) 3.141592653589793
math.e	返回自然常数 e 值	print(math.e) 2.718281828459045
math.tau	返回数学常数 τ（tau），等于 2π 有科学家认为用 τ 做圆周率可以简化面积计算	print(math.tau) 6.283185307179586
math.inf	浮点数的正无穷大 负无穷大为 –math.inf	print(math.inf)　　　#inf
math.nan	浮点的 not a number（NaN），等效于输出 float('nan')	print(math.nan)　　　#nan print(float('nan'))　　#nan

表 2-12　math 库的数值表示函数

函　数	功　能　描　述
math.fabs(x)	以实数形式返回 x 的绝对值
math.factorial(x)	返回 x 的阶乘，要求 x 为非负整数，x 为负数或非整数时返回错误
math.fsum(iterable)	返回浮点数迭代求和的精确值，避免多次求和导致精度损失
math.gcd(a, b)	当 a 和 b 非 0 时，返回其最大公约数，gcd(0,0) 返回 0
math.floor(x)	返回不大于 x 的最大整数
math.ceil(x)	返回不小于 x 的最小整数

表 2-13　math 库的幂和对数函数

函　数	数 学 表 示	描　　　述
math.pow(x,y)	x^y	返回 x 的 y 次幂 pow(1.0, x) 和 pow(x, 0.0) 总返回 1.0
math.exp(x)	e^x	返回 e 的 x 次幂，e 是自然常数
math.expm1(x)	e^x-1	返回 e 的 x 次幂减 1（expm+ 数字 1）
math.sqrt(x)	$\sqrt{x}$	返回 x 的算术平方根
math.log(x[,base])	$\log_{base} x$	只有参数 x 时返回自然对数值 两个参数时，返回以 base 为底的对数值
math.log1p(x)	$\ln(1+n)$	返回 1+n 的自然对数值
math.log2(x)	$\log x$	返回 x 的 2 对数值
math.log10(x)	$\log_{10} x$	返回 x 的 10 对数值

表 2-14　math 库的常用三角函数

函　数	功　能　描　述
math.cos(x)	返回 x 的余弦函数，x 为弧度
math.sin(x)	返回 x 的正弦函数，x 为弧度
math.tan(x)	返回 x 的正切函数，x 为弧度

续表

函　　数	功　能　描　述
math.acos(x)	返回 x 的反余弦函数，x 为弧度
math.asin(x)	返回 x 的反正弦函数，x 为弧度
math.atan(x)	返回 x 的反正切函数，x 为弧度
math.atan2(y, x)	返回 y/x 的反正切函数，x 为弧度
math.hypot(x, y)	返回坐标 (x,y) 到原点 (0,0) 距离

导入库到程序中的两种方法如下：

```
import math
from math import *
```

其中，*表示导入库中的所有函数，若只使用其中一个函数，则直接用函数名代替*。

【例 2-24】使用数学库示例。

程序代码：

```
>>> import math
>>> math.ceil(6.38)        #求大于6.38的最小整数
7
>>> math.floor(6.38)       #求小于6.38的最大整数
6
>>> math.gcd(128,28)       #求两个数的最大公约数
4
>>> math.pi                #数学常数pi
3.141592653589793
```

【例 2-25】计算平面上点(x, y)到原点$(0,0)$的直线距离。

问题分析：

根据两点间的距离公式，要用到math库中的sqrt函数

程序代码：

```
from math import sqrt
a=eval(input('输入x坐标：'))
b=eval(input('输入y坐标：'))
dis=sqrt(a*a +b*b)
print("点(%.2f,%.2f) 到原点的距离为：%.2f"%(a,b,dis))
```

运行结果如图2-10所示。

```
输入x坐标：3
输入y坐标：4
点(3.00, 4.00) 到原点的距离为：5.00
```

图2-10　例2-25运行结果

2．random库

计算机中采用算法生成伪随机数，返回的随机数字其实是一个稳定算法所得出的稳定结果序列。Python的random库函数及描述见表2-15。

表 2-15 random 库函数及描述

函　数	描　述
random.seed(a=None, version=2)	初始化随机数生成器，省略时用系统时间做种子，相同的 seed 会得到相同的随机数序列
random.randint(a, b)	产生 [a,b] 之间的一个随机整数，包括 a、b
random.random()	产生 [0.0,1.0) 之间的一个随机浮点数
random.uniform(a, b)	产生 [a,b] 之间的一个随机浮点数
random.randrange(stop)	从 [0～stop]（不包括 stop）中随机产生一个整数
random.randrange(start, stop[,step])	从 [start～stop]，步长为 step 的序列中随机产生一个整数
random.choice(seq)	从非空序列 seq 中随机选取一个元素，当序列为空时，抛出索引错误
random.choices(seq,k=1)	从非空序列 seq 中随机选取 k 个元素，k 默认值为 1，返回一个列表；当序列为空时，抛出索引错误
random.shuffle(x[,random])	将序列顺序打乱
random.sample(population, k)	从列表、元组、字符串、集合、range 对象等序列中随机选取 k 个元素，返回一个列表

导入random库，代码如下：

```
import random
```

若想要了解模块存储路径，可以使用random.__file__获取。

```
print(random.__file__)
```

【例 2-26】random随机库函数示例。

程序代码：

```
import random
print(random.randint(90,100))       #产生90～100的一个整数型随机数
print(random.random())              #产生0～1的随机浮点数
print(random.uniform(0.5,5.5))      #产生0.5～5.5的随机浮点数
print(random.choice('shanghai'))    #从序列中随机选取一个元素
print(random.randrange(1,100,2))    #生成从1～100的间隔为2的随机奇数
```

运行结果如图2-11所示。

```
94
0.831050618947177
3.7303345829372265
g
41
```

图2-11　例2-26运行结果

3. string库

string库是Python中用来处理字符串的标准库，提供字符串常量的集合。Python的string库包含的常量及描述见表2-16。

表 2-16　string 库包含的常量及描述

常量	描述
string.ascii_letters	所有大小写英文字母 'abcdefghijklmnopqrstuvwxyzABCDEFGHIJKLMNOPQRSTUVWXYZ'
string.ascii_lowercase	所有小写英文字母 'abcdefghijklmnopqrstuvwxyz'
string.ascii_uppercase	所有大写英文字母 'ABCDEFGHIJKLMNOPQRSTUVWXYZ'
string.digits	所有十进制数符 '0123456789'
string.hexdigits	所有十六进制数符 '0123456789abcdefABCDEF'
string.octdigits	所有八进制数符 '01234567'
string.printable	所有可打印字符
string.punctuation	所有标点符号 '!"#$%&\'()*+,-./:;<>?@[\\]^_`{|}~'
string.whitespace	所有空白符 '\t\n\r\x0b\x0c'

2.5　体验顺序结构程序设计

【例 2-27】编程实现字符加密：将输入的一个大写字母转换为它后面的第3个字母，如 X->A, Y->B, Z->C。

问题分析：

字符与整数不可进行加法运算，利用ord()函数获得对应字符的Unicode码值，加上3得到加密后字符的Unicode码，再用chr()函数转换为字符。X、Y、Z加上3后超出大写字母的范围，将加上3后的值减去ord('A')，得到字符在字母表中的次序，若超过26个字母表范围，则除以26求余数，得到超出后的次序。

程序代码：

```
c=input("输入一个大写字母：")
enc=chr((ord(c)+3-ord('A'))%26+ord('A'))
print("{}加密后为{}".format(c,enc))
```

```
==================
输入一个大写字母：X
X 加密后为 A
>>>
==================
输入一个大写字母：A
A 加密后为 D
>>>
==================
输入一个大写字母：Z
Z 加密后为 C
```

图2-12　例2-27运行结果

运行结果如图2-12所示。

【例 2-28】社团报名，录入新成员的信息：姓名、性别、QQ号和手机号二选一、所在学院及年级。

问题分析：

录入成员信息，若信息量大的时候，尽量减少重复信息的输入，若社团的男生较多，则性别是"男"时，利用or运算直接按【Enter】键则输入默认值"男"，QQ或手机号二选一，其中一项直接设默认值为"略"。

程序代码：

```
name=input('姓名：')
gender=input('性别（直接回车输入"男"）：') or '男'
qqnumber=input('QQ号（直接回车忽略）：') or '略'
phonenumber=input('手机号（直接回车忽略）：') or '略'
college=input('学院（直接回车输入"计算机学院"）：') or '计算机学院'
grade=input('年级（直接回车输入"一年级"）：') or '一年级'
```

```
print('-'*70)
print('    学院: {:<18s}\t年级: {:<12s}'.format(college,grade))
print('    姓名: {:^18s}\t性别: {:<12s}'.format(name ,gender))
print('    手机: {:<18s}\tQ Q: {:<12s}'.format(phonenumber,qqnumber))
print('-'*70)
```

运行结果如图2-13所示。

```
姓名: 张三
性别（直接回车输入"男"）:
QQ号（直接回车忽略）: 85374544*
手机号（直接回车忽略）: 1338190182*
学院（直接回车输入"计算机学院"）:
年级（直接回车输入"一年级"）:
----------------------------------------
    学院: 计算机学院         年级: 一年级
    姓名:     张三          性别: 男
    手机: 1338190182*       Q Q: 85374544*
```

图2-13 例2-28运行结果

【例 2-29】 人民币的单位是CNY，美元的单位是USD。设计一个汇率换算器程序，输入带单位的人民币值，输出带单位的美元值，输出保留小数点后两位。

问题分析：

输入带单位的人民币值，人民币单位为CNY，只要将字符串截取到索引为-3的位置（不含-3位置），将输入的字符串通过eval函数转换为数值数据，再进行计算。

程序代码：

```
USD_VS_RMB=input('输入 美元-人民币 汇率: ')        #汇率
rmb_str_value=input('输入人民币(CNY): ')          #人民币的输入
USD_RMB=eval(USD_VS_RMB)
rmb_value=eval(rmb_str_value[:-3])               #将字符串转换为数字
usd_value=rmb_value/USD_RMB                      #汇率计算
print('可兑换%.2f USD'%usd_value)                 #输出结果
```

运行结果如图2-14所示。

```
输入 美元-人民币 汇率: 6.39
输入人民币(CNY): 5000CNY
可兑换782.47 USD
```

图2-14 例2-29运行结果

【例 2-30】 地球绕太阳的运行周期为365天5小时48分46秒（合365.242 19天），即一回归年。公历的平年只有365天，比回归年短约0.242 2天，每四年累积约一天，把这一天加于2月末（即2月29日），使当年的时间长度变为366天，这一年就是闰年。判断某一年是否为闰年的方法是年份数能被4整除，但不能被100整除，或者年份数能被400整除。

问题分析：

输入年份，该年份"能被4整除"可以用求余运算（%）计算余数并判断余数是否为0，即用表达式：year%4==0，"但不能被100整除"，可用表达式：year%100!=0，这两个条件需要同时成立才能判断是否为闰年，可用"逻辑与"运算将两个条件进行组合，而"或者年份数能被400整除"也是一个判断是否为闰年的独立条件，可用"逻辑或"运算分别将两个独立判断闰年的条件结合为一个表达式。

程序代码：

```
year=input('请输入您要判断的年份: ')              #输入
```

```
year=int(year)                                    #转换为整数
result=(year%4==0 and year%100!=0) or year%400==0  #判断闰年的逻辑表达式
print('%d年是闰年: %s'%(year,result))              #输出True或False
```

运行结果如图2-15所示。

请输入您要判断的年份：1900
1900年是闰年：False

图2-15 例2-30运行结果

【例2-31】某网站注册后会生成4个字符的随机密码，密码由大小写字母和数字组成。编写程序，输出一个4位的随机密码。

问题分析：

首先利用string库将所有大小写字母和数字组成一个字符串（即序列），再用随机函数choices从字符串中选取产生4个随机字符。

程序代码：

```
import string,random                      #导入两个库
pstring=string.ascii_letters+string.digits #将所有字母和数字连接成一个字符串
pw=random.choices(pstring,k=4)            #随机取4个字符，生成一个列表
print(''.join(pw))                        #将列表用空字符连接为一个字符串
```

运行结果如图2-16所示。

你的密码：Qdls

图2-16 例2-31运行结果

习 题

一、单选题

1. 下面运算符中优先级最高的运算符是（　　）。
   A. and　　　　　B. *=　　　　　C. +　　　　　D. ==
2. 下面运算中，运算结果不是浮点型的是（　　）。
   A. 2*0.5　　　　B. 2**-1　　　　C. 5//2　　　　D. 18/3
3. 编写程序，从键盘输入圆的半径，计算并输出圆的面积。以下代码错误的语句是（　　）。

```
import math
radius=float(input("请输入圆的半径:"))
circumference=2*pi*radius
area=pi*radius*radius
print("圆的周长为:%.2f"%circumference)
print("圆的面积为:%.2f"%area)
```

   A. import math
   B. radius=float(input(" 请输入圆的半径 :"))
   C. area=pi*radius*radius
   D. print(" 圆的面积为 :%.2f' % area)

4. 表达式 15 == 0xf 输出的结果是（   ）。
   A. true   B. True   C. false   D. False
5. 以下 Python 语句中非法的是（   ）。
   A. a = b = c = 1   B. a = (b = c + 1)   C. a, b = 0, 1   D. a += b
6. 以下关于 Python 字符串的描述错误的是（   ）。
   A. 可以使用索引方式修改字符串的内容
   B. 字符串是一个字符序列，字符串中的编号叫"索引"
   C. 输出带有引号的字符串，可以使用转义字符 \
   D. 字符串可以保存在变量中，也可以单独保存
7. 以下类型转换中错误的是（   ）。
   A. int(-3.8)   B. int('0x41', 16)   C. int('1.8')   D. int('0b111', 2)
8. 若有以下代码，程序运行时输入 4，输出结果是（   ）。

```
a=eval(input())
print("{:+>8.3f}".format(a**0.5))
```

   A. 2.000+++
   B. +++2.000
   C. +□□2.000（□□表示空格）
   D. □□+2.000（□□表示空格）

9. 有以下代码，输入选项中不正确的是（   ）。

```
cal=input("请输入您的计算表达式:")
print("%s=%s"%(cal,eval(cal)))
```

   A. 1+2   B. '1+2'   C. '1'+'2'   D. x='1+2'

10. 若有：a=0.8，则表达式 8>a>0.03 的执行结果是（   ）。
    A. True   B. False   C. 1   D. 报错

二、程序填空题

1. 程序功能: 利用 datetime 库中 date 类的 today() 函数输入身份证号，输出相应的出生年月，并输出今年的年龄。

【运行结果】

```
输入ID：31010720040305441*
出生年月：2004年03月05日
年龄是：20
```

【代码】

```
import datetime
t=datetime.date.today()
id=input("ID:")
year=id[6:10]
print(year+'年'+   (1)   +'月'+id[12:14]+'日')
age=t.year-   (2)
print('年龄是:'+   (3)   )
```

2. 程序功能：一个英文字母的 ASCII 码可以表示为一个数字字符串。例如：字符'A'的 ASCII 码为 65，用数字字符串 "065" 表示（规定用 3 位表示，不足 3 位的前面补 0）。把某人姓名中的每个字母 ASCII 码所代表的数字字符串连接在一起，就构成了这个人的计算机密码。程

序要求输入一个字母字符串,将破译后的密码输出到屏幕上。

【运行结果】

```
请输入姓名：HCM
密码为：072067077
```

【代码】

```
name=input("请输入姓名: ")
psw=____(1)____
for c in name:
    psw=psw+____(2)____
print('密码为: '+psw)
```

3. 程序功能：根据输入字符串s,输出一个宽度为15字符,字符串s居中显示,以"="填充的格式。如果输入字符串超过15个字符,则输出字符串前15个字符。

【运行结果】

```
请输入：PYTHON
====PYTHON=====
```

【代码】

```
s=input("请输入字符串: ")
print(_____)
```

4. 程序功能：已知三角形的两边长及其夹角,根据余弦定理求第三边长。

【运行结果】

```
输入两边长及夹角（度）: 3 4 90
第三边 c=5.00
```

【代码】

```
from math import ____(1)____
x = input('输入两边长及夹角（度）: ')
inlist = ____(2)____
a, b, theta =map(float,inlist)  #map()函数将inlist中的每个元素转换为float类型数据
c = sqrt(a**2 + b**2 - 2*a*b*cos(____(3)____))
print('第三边 c=____(4)____'.format(c))
```

三、编程题

1. 梯形面积的计算公式为 S = (hw + lw) * h / 2, 其中 hw 为上底长度,lw 为下底长度,h 为高,输入上底、下底和高,编程计算一个梯形的面积,将结果显示在屏幕上,结果精确到小数点后两位。

2. 在某电子商务网站上购物有优惠,获取到如下信息：数学作业本的单价是3元,作文本的单价是5元,如果两种作业本同时购买,价格可以打8折。计算一下,购数学作业本和作文本各n本,可以优惠多少元？（以元为单位,四舍五入到小数点后两位）

【运行结果】

```
输入购买数学作业本和作文本的数量为:30
购买数学作业本和作文本各30本
共节省了48.00元
```

3. 新生入学需要输入其基本信息,信息为:姓名、学号、手机号、出生年份(整数),计算出该生的年龄,以卡片形式显示。计算年龄的公式:当年的年份-出生年份,当年的年份(整数)通过系统时间获取。

【运行结果】

```
            上海理工大学
学    号:2103506011        姓名:张明
手机号:1380180020*         年龄:20
```

4. 为小朋友设计一个四则运算的练习程序:随机产生两个100以内的数,进行四则运算,与小朋友输入的答案进行比较,并给出分数(百分制)。编程实现以上功能。

5. 利用随机函数产生六个字符(字母和数字)作为验证码,要求:至少有一个大写字母、一个数字,第1个字符不能为数字,其他不考虑顺序。编程输出这六个字符。

第 3 章 控 制 结 构

本章概要

本章介绍了算法、数据结构的概念以及算法和数据结构的关系，数据结构加上算法就是程序。介绍了算法的特征、评价指标，讲解了算法的描述方法以及程序设计流程。之后重点讲解了程序设计的基本流程控制结构：顺序结构、分支结构（又称选择结构）、循环结构。任何程序均可以由"顺序""选择""循环"结构通过有限次的组合与嵌套来描述，这三种基本流程控制结构是程序设计的核心。它体现了算法中的逻辑关系和逻辑流程。任何程序设计语言均有这三种基本流程控制结构。

顺序结构是程序执行的默认秩序。对Python语言来说，分支结构用if语句来实现，循环结构分为条件循环while语句和遍历循环for in语句。其中遍历循环for in语句有个很常用的用法是计数循环for in range()。本章通过多种实例来讲解这三种流程控制结构的应用。

学习目标

◎ 了解算法的相关概念及评价指标、描述方法。
◎ 理解并掌握程序设计的三种基本结构。
◎ 熟练运用三种结构解决各种顺序、选择及重复执行的问题。

算法体现了解决问题的思路，而程序设计中的三种基本流程控制结构实现了算法中的逻辑关系和逻辑流程。从这个角度讲三种基本流程控制结构是程序设计的核心。

3.1 算法概述

本节的目标是了解算法的概念，掌握算法的描述方法，从而设计出解决实际问题的算法。

3.1.1 算法的相关概念

1. 算法

算法是一种解决问题的方法和思想，是特定问题求解步骤的描述。

算法是程序的核心，也是程序的灵魂。程序是某一算法用计算机程序设计语言的具体实现。事实上，当一个算法使用计算机程序设计语言描述时，就是程序。具体来说，一个算法使用Python语言描述，就是Python程序。

程序设计的基本目标是应用算法对问题的原始数据进行处理，从而解决问题，获得所期望的结果。在能实现问题求解的前提下，要求算法运行的时间短，占用系统空间小。

程序设计反映了利用计算机解决问题的全过程，通常先要对问题进行分析并建立数学模型，然后考虑数据的组织方式，设计合适的算法，并用某一种程序设计语言编写程序实现算法。

一个程序包括对数据的描述与对运算操作的描述。可以说：

数据结构+算法=程序

数据结构是对数据的描述，而算法是对运算操作的描述。

2. 数据结构

数据结构是由相互之间存在着一种或多种关系的数据元素的集合和该集合中数据元素之间的关系组成。分为逻辑数据结构、存储（物理）数据结构和数据的运算。

逻辑结构是指数据元素之间的逻辑关系。存储结构是指数据结构在计算机中的表示，又称为数据的物理结构。不同的数据类型有不同的数据结构。

注意：
①数据元素之间不是独立的，存在特定的关系，这些关系即结构。
②数据结构指数据对象中数据元素之间的关系。

3. 算法与数据结构的关系

（1）两者关系
① 数据结构是底层，算法是高层；
② 数据结构为算法提供服务；
③ 算法围绕数据结构操作。

注意：
①数据结构只是静态地描述了数据元素之间的关系；
②高效的程序需要在数据结构的基础上设计和选择算法。

（2）数据结构和算法是不可分割的

数据结构是算法实现的基础，算法总是要依赖于某种数据结构来实现的。往往是在发展一种算法的时候，构建了适合于这种算法的数据结构。

当然两者也是有一定区别的，算法更加抽象一些，侧重于对问题的建模，而数据结构则是具体实现方面的问题，两者是相辅相成的。

因此，数据结构是数据间的有机关系，算法是对数据的操作步骤。二者表现为不可分割的关系。

4. 编写计算机程序解决问题的基本流程

编写计算机程序解决问题的基本流程可分四个步骤：分析问题、设计算法、编写程序、调试运行，如图3-1所示。

对于一个比较大的项目来说，前期的分析问题、确定功能阶段常需要花费大量的人力和时间以确保程序实现的功能目标的完整性和有效性。算法设计阶段，对于复杂功能的实现可采用自上而下逐步细化的方式将大功能块分解成小功能块，可利用流程图等算法描述方法来具体描述算法，方便之后的算法实现。对于编写程序，实现算法阶段，可遵循编写程序的基本步骤IPO模式。调试运行阶段，针对出现的语法错误、运行错误和逻辑错误，可采用相应的纠错方法予以改正。

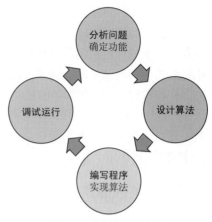

图3-1　程序设计流程

3.1.2　算法的特征与评价指标

1．算法特征

① 输入：有0个或多个输入。

② 输出：至少有1个或多个输出。输出量是算法计算的结果。

③ 有穷性：有限的步骤之后会自动结束而不会无限循环，并且每一个步骤可在可接受的时间内完成。

④ 确定性：算法中的每一步都有确定的含义，不会出现二义性。

⑤ 可行性：算法的每一步都是可行的，也就是说每一步都能够执行有限的次数完成。

2．评价指标

对于一个特定的问题，采用的数据结构不同，其设计的算法一般也不同，即使在同一种数据结构下，也可以采用不同的算法。那么，对于解决同一问题的不同算法，选择哪一种算法比较合适，以及如何对现有的算法进行改进，从而设计出更适合于数据结构的算法，这就是算法评价的问题。评价一个算法优劣的主要标准如下：

① 正确性（correctness）。算法的执行结果应当满足预先规定的功能和性能的要求，这是评价一个算法的最重要也是最基本的标准。算法的正确性还包括对于输入、输出处理的明确而无歧义的描述。

② 可读性（readability）。算法主要是为了人阅读和交流，其次才是机器的执行。所以，一个算法应当思路清晰、层次分明、简单明了、易读易懂。即使算法已转变成机器可执行的程序，也需要考虑人能较好地阅读理解。同时，一个可读性强的算法也有助于对算法中隐藏错误的排除和算法的移植。

③ 健壮性（robustness）。一个算法应该具有很强的容错能力，当输入不合法的数据时，算法应当能做适当的处理，使得不至于引起严重的后果。健壮性要求表明算法要全面细致地考虑所有可能出现的边界情况和异常情况，并对这些边界情况和异常情况做出妥善的处理，尽可能使算法没有意外情况发生。

④ 运行时间（running time）。运行时间是指算法在计算机上运行所花费的时间，它等于算法中每条语句执行时间的总和。对于同一个问题如果有多个算法可供选择，应尽可能选择执行时间短的算法。一般来说，执行时间越短，性能越好。常用算法的时间复杂度指标来评价程

序的运行效率。时间复杂度是指执行算法所需要的计算工作量。

⑤ 占用空间（storage space）。占用空间是指算法在计算机上存储所占用的存储空间，包括存储算法本身所占用的存储空间、算法的输入及输出数据所占用的存储空间和算法在运行过程中临时占用的存储空间。算法占用的存储空间是指算法执行过程中所需要的最大存储空间。常用算法的空间复杂度指标指的是一个算法在运行过程中临时占用的存储空间。

对于一个问题如果有多个算法可供选择，应尽可能选择存储量需求低的算法。实际上，算法的时间效率和空间效率经常是一对矛盾，相互抵触。要根据问题的实际需要进行灵活处理，有时需要牺牲空间换取时间，有时需要牺牲时间换取空间。

3.1.3 算法的描述方法

常用算法的描述方法有自然语言、流程图、伪代码、程序等。

1. 自然语言

自然语言即人类语言，用自然语言描述算法通俗易懂，不用专门的训练，较为灵活。例如程序设计的IPO过程就是自然语言描述过程。

2. 流程图

流程图使用一系列相连的几何图形来描述算法，不同的几何图形有固定的含义，几何图形内部包含对算法步骤的描述。流程图描述的算法侧重于逻辑流程关系，清晰简洁，容易表达，不依赖于任何具体的计算机和计算机程序设计语言，从而有利于不同环境的程序设计。

流程图的基本构成见表3-1。

表 3-1 流程图的基本构成

程序框	名 称	功 能
	开始/结束	算法的开始和结束
	输入/输出	输入/输出信息
	判断	条件判断
	处理	计算与赋值
	流程线	算法中的流向
	连接点	算法流向出口或入口连接点
	注释	注释说明

3. 伪代码

伪代码是自然语言和类编程语言组成的混合结构，介于自然语言和程序语言之间。它回避了程序设计语言的严格、烦琐的书写格式，书写较简洁，同时具备格式紧凑，易于理解，便于向计算机程序设计语言过渡的优点。

4. 程序

用编程语言设计的程序可以实现算法并执行出结果，最为细致。

在程序设计实践中，如果算法复杂，可以在算法设计阶段先根据程序需要实现的功能，逐步细化，利用流程图等对算法进行描述，就可以实现清晰的算法，理清程序的逻辑关系和设计流程。

同时，通过对算法进行描述，也是程序设计后期对程序进行说明，提高程序可读性的重要手段。

【例3-1】 求n的阶乘的算法描述。

算法描述：图3-2所示为求n！问题的几种算法描述。

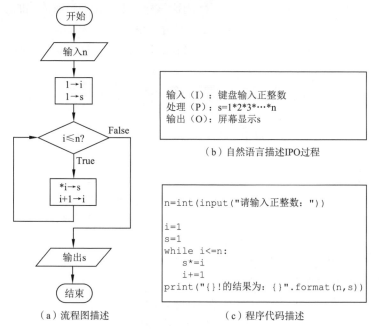

图3-2　n！算法描述

3.2　Python流程控制结构概述

控制结构概述

流程控制即控制流程，具体指控制程序的执行流程。执行流程分为三种结构：顺序结构、分支结构（又称选择结构）、循环结构。对于这三种基本流程控制结构的理解，可以以洗衣机洗衣服为例来理解。

将衣服放到洗衣机中，加水、加洗衣粉、清洗、漂洗、甩干、晾晒，这些流程是按照先后顺序依次进行，这就是顺序结构。对程序来说，顺序结构是程序语句或功能模块按照先后顺序依次执行，这是程序默认的执行顺序，不需要专门的语句进行流程控制。

加洗衣粉时，根据要达到的效果，可选择是加具有杀菌、增白功能的含酶洗衣粉并浸泡一段时间还是加只具有去污功能的普通洗衣粉，这种依照不同的要求和条件进行选择走不同的分支实现不同功能的流程，就是分支结构，又称选择结构。对程序来说，分支结构就是根据选择条件的成立与否（即布尔值的真假）去选择执行不同分支对应的子语句代码块。根据分支的个数，可分为单分支结构、双分支结构以及由双分支组合形成的多分支结构。从本质上说都是由双分支结构演变而来的。

清洗时需要洗衣机重复执行洗衣桶旋转操作来达到反复清洗去污的功效，这种重复执行的操作流程就是循环结构。对程序来说，循环结构就是程序依据条件决定是否重复执行某段语句代码块的流程控制结构。根据循环触发条件的不同，循环结构分为条件循环结构和遍历循环结构。需要提醒的是循环结构中一定要有符合退出循环的条件，以免死循环，即避免一直执行循环退不出来。就像避免洗衣机清洗衣物时洗衣桶一直旋转停不下来。

任何程序均可以由顺序、选择和循环这三种基本结构通过有限次的组合与嵌套来描述。任何程序设计语言均有这三种基本流程控制结构。其差别在于具体语法的形式不同,而原理是相同的。

程序算法中的逻辑关系和逻辑流程可以使用这三种基本结构通过有限次的组合与嵌套来体现。从这个角度来讲,这三种基本流程控制结构是程序设计的核心。

在Python中,分支结构和循环结构流程控制的核心是利用布尔逻辑值控制流程。

3.3 顺序结构

顺序结构就是按代码的顺序自上而下,依次执行的结构,这是Python默认的流程,也是最常见的程序代码执行顺序。程序从程序入口进入,到程序执行结束,总体是按照顺序结构执行语句、函数或代码块,掌握这种程序的执行流程结构,有利于把握程序的主体框架。

图3-3所示为顺序结构流程图,A、B、C分别可以为由多语句或函数等程序结构单元组成的语句块或单语句:

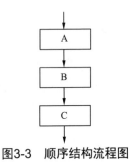

图3-3 顺序结构流程图

【例 3-2】编写程序,从键盘输入圆的半径,计算并输出圆的周长和面积。计算周长和面积的公式如下:

$$圆的周长 = 2\pi r$$
$$圆的面积 = \pi r^2$$

问题分析:首先需要准备两个数据:用户输入的半径和Python提供的pi常量,然后利用公式实现算法,最后输出结果。这个实现计算圆的周长和面积的程序的执行顺序为自上而下依次执行各语句,为典型的顺序结构流程。

程序代码:

```
import math                                          #导入标准模块math
radius=float(input("请输入圆的半径: "))               #用户输入半径并转换成浮点数
circumference=2*math.pi*radius                       #计算周长
area=math.pi*radius*radius   #计算面积。radius的平方运算可以是radius**2或pow(radiu,2)
print("圆的周长为: {:.2f}".format(circumference))    #输出结果
print("圆的面积为: {:.2f}".format(area))
```

【例 3-3】编写程序,从键盘输入年份,输出当年的年历。

问题分析:这个利用标准模块calendar中的calendar()函数输出年历的程序也是通过依次执行各语句实现的,是顺序结构。

程序代码:

```
import calendar                                #导入标准模块calendar
year=int(input("请输入年份: "))                 #用户输入年份并转换成整型数
table=calendar.calendar(year)                  #调用calendar()函数,结果赋值给table
print(table)                                   #输出结果
```

以上两例程序设计过程中都包含有数据的输入、运算处理、结果的输出三个功能实现过程,即IPO过程,这也是结构化程序设计的基本过程。这个流程也是顺序结构。

I即Input,数据输入。输入是一个程序的开始。程序要处理的数据有多种来源,形成了多种输入方式，包括：控制台（默认键盘）输入、随机数据输入、内部参数输入、交互界面输入、文件输入、网络输入等。

P即Process，运算处理。处理是程序对输入数据进行计算、处理产生输出结果的过程。计算问题的处理方法统称为"算法"，它是程序最重要的组成部分。可以说，算法是一个程序的灵魂。

O即Output，结果输出。输出是程序展示运算成果的方式。程序的输出方式包括：控制台（默认显示屏）输出、图形输出、文件输出、网络输出、操作系统内部变量输出等。

程序设计的IPO过程是进行程序设计的基本思路。在这个总体程序框架下，局部将顺序、选择和循环三种基本结构通过有限次的组合与嵌套实现一个复杂逻辑关系和算法的程序。

3.4 分支结构

分支结构的执行是依据一定的条件选择执行不同的代码块。

分支结构的程序设计方法的关键在于分析程序流程，构造合适的分支条件，根据不同的程序流程选择适当的分支语句。有些语句根据程序运行中数据的情况，跳转到不同分支执行不同语句。分支结构适合于带有逻辑或关系比较等条件判断的情形。对比较复杂的逻辑关系，可以先绘制其程序流程图，然后根据程序流程写出源程序，这样做把程序设计分析与语言分开，使得问题简单化，易于理解和程序的编写。

视频
分支结构

分支结构可分为单分支结构、双分支结构、多分支结构。对双分支结构，如果分支子句为表达式，可以简化写成双分支结构的三元运算符表达式形式。

对分支结构的理解基础是双分支结构，单分支结构相当于双分支结构的省略形式，多分支结构相当于双分支结构的拓展形式。分支结构中的分支语句块中也可以嵌套分支结构形成多层逻辑关系。

3.4.1 双分支结构：if-else

语法：

```
if <表达式>:
    <语句块1>
else:
    <语句块2>
```

实现的功能：当（if）表达式的结果为True（即为真或成立时），执行语句块1，然后接着执行分支结构之后的后续语句；否则（else）（即当表达式的结果为False，或者为假或不成立时），执行语句块2，然后接着执行分支结构之后的后续语句。双分支结构的流程图如图3-4所示。

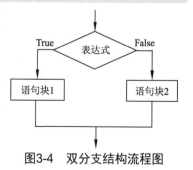

图3-4 双分支结构流程图

> **注意事项：**
>
> ① 表达式可以是任意类型，但结果要自动转换为布尔型（True 或 False）以决定执行哪个分支。
>
> Python 规定：0、空字符串、None（对象为 None）转化为 False，其他数值和非空字符串转化为 True。布尔值还可以与其他数据类型进行逻辑运算。
>
> 如表达式可以为 8>2、x==y、x and y>z、x+y、3、0、" "、True 等形式。其中，3 自动转换为 True，而 0、"" 自动转换为 False。
>
> ② if 和 else 句尾有半角冒号，否则报语法错误。
>
> 可以只有 if 子句，没有 else 子句，这就是单分支结构。
>
> ③ 各分支子语句块须缩进。

【例 3-4】 编写程序，从键盘输入三条边，判断是否能够构成一个三角形。如果能，则提示可以构成三角形；如果不能，则提示不能构成三角形。

提示：要判断输入的三条边能否构成三角形，只需满足任意两边之和大于第三边即可。

程序代码：

```
side1=float(input("请输入三角形第一条边："))
side2=float(input("请输入三角形第二条边："))
side3=float(input("请输入三角形第三条边："))
if(side1+side2>side3) and(side2+side3>side1) and(side1+side3>side2):
    print("边长",side1,side2,side3,"可以构成三角形")
else:
    print("边长",side1,side2,side3,"不能构成三角形")
```

问题分析：此题目，从程序总体框架上来讲是遵循IPO步骤的顺序结构，在Process数据处理步骤中用到了双分支结构以判断可以构成三角形和不能构成三角形两种情形，而且将Output结果输出步骤融入分支结构的两个分支子句中。

在有分支结构的实际应用中结果输出常融入分支结构的分支子句中，这是流程的逻辑关系决定的。

当双分支结构中的两个分支子句简单到为表达式时，可以将双分支结构简写成双分支的三元运算符表达式形式。三元运算符表达的语法如下：

```
表达式1 if 条件 else 表达式2
```

实现的功能：如果条件为True，则整个表达式返回表达式1的结果，如果条件为False，则整个表达式返回表达式2的结果。

例如：max_one = a if a>=b else b 的执行过程是如果a>=b则整个表达式返回a的值，否则返回b的值。实现的功能是返回a、b两个变量中的大者给变量max_one。

3.4.2 单分支结构：if

语法：

```
if <表达式>:
    <语句块>
```

实现的功能：当（if）表达式的结果为True（即为真或成立时），执行语句块，然后接着执行分支结构之后的后续语句；否则（即当表达式的结果为False，或者为假或不成立时），因无else分支，直接执行分支结构之后的后续语句。

单分支结构的流程图如图3-5所示。

单分支结构相当于双分支结构中省略了else子句的情形。注意事项与双分支结构类似。

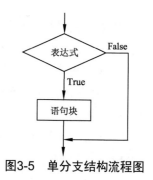

图3-5 单分支结构流程图

【例3-5】编写程序，输入年龄，判断可否进入网吧。

程序代码：

```
age=int(input("请输入您的年龄："))
if age>=18:
    print("可以进入网吧")
```

问题分析：此题目只判断大于或等于18岁即可进入网吧的情形，是典型的没有else分支的单分支结构的应用。

3.4.3 多分支结构：if-elif-else

语法：

```
if <表达式1>:
    <语句块1>
[elif <表达式2>:
    <语句块2>
elif <表达式3>:
    <语句块3>
    …

elif <表达式n>:
    <语句块n> ]
[else:
    <语句块n+1>]
```

实现的功能：当（if）表达式1的结果为True时，执行语句块1，然后接着执行分支结构之后的后续语句；否则当（elif）表达式2的结果为True时，执行语句块2，然后接着执行分支结构之后的后续语句；否则当（elif）表达式3的结果为True时，执行语句块3，然后接着执行分支结构之后的后续语句；一直到所有的if分支和elif分支都不符合进入分支的表达式条件时（即各判断表达式的结果都为False），则执行else分支的语句块n+1，然后接着执行分支结构之后的后续语句。

多分支结构的流程图如图3-6所示。

注意事项：

① 可以有0个或多个elif分支。elif为else if的缩写，意为"否则，当"，相当于在else分支中嵌套if分支结构。可以有0个或1个else分支。

② 多分支结构是分支结构的完整结构，将所有elif分支省略即是if-else型的双分支结构，再省略else分支就是if型的单分支结构。

③ 多分支是自上而下逐个分支进行判断的。注意前后分支条件间的逻辑关系。除了分支表达式的显式条件，还要注意从其前面分支表达式条件延续筛选到当前分支条件所附加的隐式限定。

④ 分支结构程序设计的关键在先分析功能和程序流程，进而构造合适的分支条件，选择适当的分支语句。

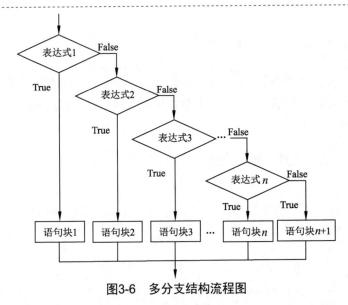

图3-6 多分支结构流程图

【例3-6】编程实现：由用户输入x值，给出下面分段函数的求值结果。

$$f(x) = \begin{cases} 3x-5 & (x<1) \\ x+2 & (-1\leq x \leq 1) \\ 5x+3 & (x<-1) \end{cases}$$

程序代码：

```
x=float(input("请输入x 的值："))
if x>1:
    y=3*x-5
elif x>=-1:          #此分支条件判断相当于 x<=1 and x>=-1 或写成 1>=x>=-1
    y=x+2
else:                #此分支条件判断相当于 x<-1
    y=5*x+3
print("f({0:.2f})={1:.2f}".format(x,y))
```

问题分析：此题目是典型的多分支结构，注意程序中前后分支间的相互制约形成的附加条件限定以及Python规定条件的写法。

思考：在编写程序用到多分支if语句时如何优化安排各分支的前后顺序以及如何写各分支条件。

【例3-7】编写程序实现：由用户输入身高、体重，依据BMI指数给出胖瘦判断的BMI指标。BMI指数即身体质量指数，简称体质指数，是国际上常用的衡量人体胖瘦程度以及是否健康的一个标准。计算公式为：BMI=体重÷身高^2（体重单位：千克；身高单位：米）。对中国人来说标准BMI值如下，偏瘦：小于18.5、正常：18.5～24（不含24）、偏胖：24～28（不含28）、肥胖：大于或等于28。

程序代码：

```
height,weight=eval(input("请输入你的身高(米)和体重(千克)，用逗号分隔:"))
bmi=weight/pow(height,2)
if bmi<18.5:
    shape="偏瘦"
elif bmi<24:
    shape="正常"
elif bmi<28:
    shape="偏胖"
else:
    shape="肥胖"
print("你的BMI指数为：{0:.2f},对中国人来说的BMI指标为：{1}".format(bmi,shape))
```

问题分析：

这是个很实用的程序，通过与eval()内置函数的配合实现了用一个input()内置函数从键盘同时输入多个数据的效果。注意程序中前面分支对后面分支的筛选制约形成的附加条件限定。

【例3-8】编写程序：由用户输入成绩，给出相应的等级。等级划分：90分及以上为优，70～80分为良，60～70分（不含）为中，60分以下为差。

程序代码：

```
score=int(input("请输入您的成绩:"))
if score>=90:
    print("您的等级是：优")
elif score>=70:          #到此步实际的判断条件是score < 90 and score>=70
    print("您的等级是：良")
elif score>=60:          #到此步实际的判断条件是score < 70 and score>=60
    print("您的等级是：中")
else:                    #到此步实际的判断条件是score< 60
    print("您的等级是：差")
```

问题分析：通过此题目程序和语句后的注释进一步理清和体会分支结构前后分支间的逻辑关系以及在实际程序设计时注意分支的前后安排顺序，注意分支条件的多种写法。还有，程序结果数据的处理常融入分支结构的分支中。

3.4.4 分支结构的嵌套

根据实际开发的需要，在一个分支结构的分支语句块中可以再包含分支结构，这种形式称为嵌套。可以进行多层嵌套，但是鉴于逻辑关系的复杂性增加，一般不建议添加太深的嵌套层次。下面通过一个排序来简单了解一下if的嵌套。

【例3-9】编写程序实现判断一个人是否到了合法结婚年龄。《中华人民共和国民法典》规定，男性22周岁为合法结婚年龄，女性20周岁为合法结婚年龄。

问题分析： 要判断一个人是否到了合法结婚年龄，首先可以用双分支结构判断性别，再用嵌套的双分支结构判断年龄，并输出判断结果。注意本题对input()函数返回字符串的数据类型转换与否的不同判定。

程序代码：

```
sex=input("请输入您的性别（M或者F）: ")
age=int(input("请输入您的年龄: "))
if sex=='M':
    if age>=22:
        print("到达合法结婚年龄")
    else:
        print("未到合法结婚年龄")
else:
    if age>=20:
        print("到达合法结婚年龄")
    else:
        print("未到合法结婚年龄")
```

【例 3-10】 编写程序，开发一个小型计算器，从键盘输入两个数字和一个运算符，根据运算符（+、-、*、/）进行相应的数学运算，如果不是这四种运算符，则给出错误提示。

程序代码：

```
first=float(input("请输入第一个数字: "))
second=float(input("请输入第二个数字: "))
sign=input("请输入运算符号: ")
if sign=='+':
    print("两数之和为: ",first+second)
elif sign=='-':
    print("两数之差为: ",first-second)
elif sign=='*':
    print("两数之积为: ",first*second)
elif sign=='/':
    if second!=0:
        print("两数之商为: ",first/second)
    else:
        print("除数为0错误！")
else:
    print("符号输入有误！ ")
```

问题分析： 此题目依照输入运算符的不同执行不同的分支代码，巧妙地利用else子句实现对输入运算符无效的异常情况的判断和处理。对在程序设计中通过在if分支语句中再嵌套if分支语句加入了对被零除异常情况的判断和处理，形成了复杂的逻辑关系。

思考： 分支结构if语句嵌套的层次关系。

3.5 循环结构

循环结构用来控制重复执行一段语句块来达到逻辑关系上的功能重复实现。减少了程序代码的重复书写的工作量。

在设计循环结构时要先考虑进出循环的机制，也就是进入循环的条件和退出循环的条件，特别是退出循环机制。再考虑循环体，也就是循环执行的语句块代码的设计。

Python的循环结构有两类，一类是while循环，又称条件循环。另一类是for循环，又称遍历循环。这两类的主要区别在于控制进出循环的机制不同。

while循环靠的是通过对表达式结果的布尔值（True或False）的判断来决定是进入循环执行循环体还是退出循环继续后续程序语句的执行，所以又称条件循环。

for循环是针对容器类对象或可迭代对象进行的循环，通过遍历对象的每一个元素来控制循环次数，遍历完成则循环结束继续后续程序语句的执行。所以for循环又称遍历循环。实际应用中常会要求循环指定次数的情形，利用for循环中针对内置可迭代函数range()对象的循环就可很方便地实现，把这种针对range()的for循环称为计数循环。

3.5.1 条件循环：while循环

语法：

```
while <表达式>:      #循环头，表达式的值为True 则进入循环，否则退出循环
    <语句块A>         #循环体，为符合条件时执行的语句
[else:               #正常退出循环执行的分支，当用break强制中断退出循环时不执行此分支
    <语句块B>]
```

实现的功能：由条件控制的循环运行方式，用一个表示逻辑条件的表达式来控制循环，当条件成立（True）时反复执行循环体，直到条件不成立（False）时循环结束，执行一次else分支语句段。若以执行循环体中的break语句而强制中断退出循环时，则不执行else分支语句段。

while循环的流程图如图3-7所示。

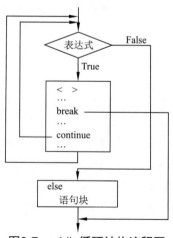

图3-7　while循环结构流程图

在需要时可以在循环体中加入以下循环控制语句：

① break：跳出整个循环。具体来说该语句的功能是跳出并结束当前整个循环，继续执行循环后的内容。如果有循环嵌套，跳出的是最靠近自己的本层次循环。

注意break语句只对循环结构起作用，换句话说如果循环体中嵌套的分支结构if语句中有break语句，只是用来跳出循环的。而在实际应用中break语句常放在if选择结构中，因为一般是

在符合某种情形时才执行中断循环的操作。

② continue：跳到下次循环。具体来说就是跳过当前循环中的剩余语句然后继续下一次循环。在实际应用中continue语句也常放在if选择结构中，因为一般是在符合某种情形时才需要跳到下一次循环。

③ pass：空语句。是为了保持程序结构的完整性，不做任何事情，一般用作占位语句。

 注意：

① 循环头行尾有冒号"："，缺失报语法错误。循环体相对于循环头缩进，表示是循环头的子层次。

② 在循环体中，语句的先后位置必须符合逻辑，否则会影响结果。

③ 遇到下列两种情况，退出while循环：
- 循环条件表达式的结果为False（正常结束）；
- 循环体内遇到break语句（中断结束）。

另外，如果函数的函数体中有循环结构，可以利用函数的返回语句return起到跳出函数体中的循环的作用。

具体来说，在循环体中应该有使循环条件变化的变量以便能退出循环（正常结束），或者循环体中有break语句以能强制退出循环。

④ 在while循环之前常需要对循环用到的一些变量，特别是使循环条件变化的变量进行初始化。

⑤ 注意循环结构中else子句的执行条件。因为循环条件表达式不成立而正常结束时则执行else子句，如果循环是因为执行了break语句而导致循环中断结束则不会执行else子句。常用于执行区别循环正常结束与中断结束时需要实现的不同功能或不同的提示。else子句可省略。

⑥ 注意循环结构中的else子句和分支结构if语句中else的区别。

while循环结构设计三要素如下：

① 初始化语句：循环控制变量赋初值或其他循环中用到的变量的初始化。一般在循环结构前完成。

② 循环条件表达式：判断能否进入循环体的条件，是一个结果为True或False的表达式。

③ 使条件迭代语句：通常是循环控制变量的改变，且朝着循环结束条件的方向变化，从而使得循环可以正常结束。否则要有与if语句结合的break语句强制退出循环。

【例3-11】 编写程序：计算10以内的奇数并显示结果。

程序代码：

```
a=1
while a<10:
    print(a)
    a+=2
print("Good bye!")
```

问题分析： 此例在循环前先对循环条件变量a进行了初始化1，再调用while循环。循环体执行的操作是输出a的值，再加2来实现输出奇数的功能，直到a从初始化的1累加到11，令循环条件表达式a<10的结果为False，不再进入循环体，结束循环，继续执行while循环结构的后续程序语句print("Good bye!")输出"Good bye!"。此例虽简单，但能很好地帮助理解while循环的运行机制。

【例 3-12】 编写程序，用下面的公式计算π的近似值，直到最后一项的绝对值小于10^{-6}为止。

$$\frac{\pi}{4} = 1 - \frac{1}{3} + \frac{1}{5} - \frac{1}{7} + \frac{1}{9} - \cdots$$

问题分析：此题目在算法设计时先要推理总结出每一项符号与前一项相反，分母呈奇数递增，分子为1固定不变的规律，因而可以通过循环结构来实现。而事先不知道循环的次数，只能由所加项的绝对值的变化情况来决定循环的次数与何时退出循环。这种情形就只能用循环结构中的条件循环while语句实现。

程序代码：

```
import math
n=1                              #变量自增值
t=1                              #每项值
total=0                          #π/4的值
flag=1                           #标记位，用于定正负号
while math.fabs(t)>=1e-6:        #当每项值的绝对值大于1e-6时进行计算
    total=total+t
    #为下一次循环做准备：
    flag=-flag
    n=n+2
    t=flag*1.0/n
print("π={}".format(total*4))
```

思考：通过此例理解条件循环while语句的适用场合。

【例 3-13】 编写程序：用辗转相除法求两个正整数的最大公约数、最小公倍数。

"辗转相除法"求两个正整数的最大公约数的算法如下：

① 将两数中大的那个数放在m中，小的放在n中。
② 求出m被n除后的余数r。
③ 若余数为0则执行步骤⑦；否则执行步骤④。
④ 把除数作为新的被除数；把余数作为新的除数。
⑤ 求出新的余数r。
⑥ 重复步骤③~⑤。
⑦ 输出n，n即为最大公约数。

问题分析：在辗转相除法中③~⑤步的迭代过程就可通过循环结构实现，以余数r为0作为循环的结束条件，适于用while语句实现。算法中注意先分出两个数的大小，以大数为被除数，以小数为除数再进行辗转相除。

程序代码：

```
m=int(input("请输入一个正整数:"))
```

```
n=int(input("请输入另一个正整数:"))
temp=m*n
if m<n:
    m,n=n,m
r=m%n
while r:
    m=n
    n=r
    r=m%n
print("最大公约数是{}, 最小公倍数是{}".format(n,temp//n))
```

3.5.2 遍历循环：for in循环的一般形式

for循环又称遍历循环。是针对容器型的组合对象或可迭代对象进行的循环，这两类对象都是由多元素组成的数据集类型的对象。通过取出对象中的一个元素后执行循环体，遍历所有元素后循环结束。实际应用中常会有要求指定循环次数的情形，利用for循环中针对内置可迭代函数range()对象的循环就可很方便地实现，把这种针对range()的for循环称为计数循环。

语法：
```
for <元素变量> in 组合对象或可迭代对象:    #可为字符、列表、元组、文件等组合对象或可迭代对象
    <语句块A>
[else:                                    #可选项，break退出循环时不执行
    <语句块B>]
```

实现的功能： 由遍历对象的每个元素控制的循环运行方式。对每次循环，元素变量依次代表着组合对象中的一个元素值或可迭代对象产生的一个值，执行循环体，直到元素变量代表完（遍历）每一个元素值，循环结束。与while语句一样，如果有else子句则执行一次else分支语句段。若以执行循环体中的break语句而强制中断退出循环时，则不执行else分支语句段。

for循环的流程图如图3-8所示。

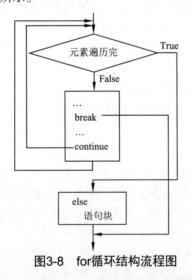

图3-8　for循环结构流程图

注意：

① in 后的对象可以是组合对象或可迭代对象。序列对象可以是字符、列表、元组或者文件等。可迭代对象是依次（时间上）出现一个值。因此可迭代对象从经历多次执行的时间段上来看也相当于产生了由多元素组成的数据集，是时间换空间的做法。例如 range 函数等。

② 与 while 循环一样，循环头行尾有冒号"："，缺失报语法错误。循环体相对于循环头缩进，表示是循环头的子层次。

③ 与 while 循环类似，循环体中同样可以有 break、continue、pass 语句。break、continue 语句一般与 if 分支语句结合。

④ 遇到下列两种情况，退出 for 循环：
- 遍历完对象中的每一个元素（正常结束）。
- 循环体内遇到 break 语句（中断结束）。

另外，如果函数的函数体中有循环结构，可以利用函数的返回语句 return 起到跳出函数体中循环的作用。遇到 break 语句或 return 语句时，退出循环的情形与 while 循环类似。

⑤ else 子句可没有。若有，执行条件与 while 循环类似，只有循环是正常结束时才执行 else 子句，因执行 break 语句中断退出循环时不执行 else 子句。

【例 3-14】 编写程序：输出水果列表对象中有哪些水果。

问题分析： 此例的循环遍历对象为列表，是组合数据类型中的一种，属容器类对象。

程序代码：

```
fruits=['lemon','apple','mango']    #为列表，是组合数据类型对象中的一种
for ft in fruits:
    print('元素:',ft)
print('Good bye!')
```

【例 3-15】 编写程序：判断用户输入的字符串中是否含有指定字符 e。

问题分析： 此例通过遍历字符串对象中的每个字符判断是否含有指定字符，适于用遍历循环 for 语句实现，注意 else 子句的应用场景。也可利用 in 运算判断字符串中是否含有指定字符。

程序代码：

```
user_string=input("请输入一个字符串: ")
for letter in user_string:
    if letter=="e":
        print("字符串{0}中有字母e".format(user_string))
        break
    else:
        print("字符串{0}中没有字母e".format(user_string))
```

【例 3-16】 编写程序，解决以下问题。

4 个人中有一人做了好事，已知有三个人说了真话，请根据下面对话判断是谁做的好事。

甲说：不是我；

乙说：是丙；

丙说：是丁；

丁说：丙胡说。

问题分析：此例采用的思路是用遍历法来解决问题。先把每个人的陈述以条件表达式的形式来描述，利用循环结构遍历所有人，对每个人判断是否符合三人陈述为真的情形，如果符合，则是此人做了好事。

程序代码：

```
for num in ['甲','乙','丙','丁']:
    if(num!='甲')+(num=='丙')+(num=='丁')+(num!='丁')==3:
        print(num,"做了好事！")
```

思考：此例是推理类题中的典型题目。需要理解并掌握此类题的解题思路。

 说明：
穷举法是计算机解决问题的常用算法：通过循环实现遍历（枚举）出每种情形再判断是否符合条件。

3.5.3 遍历循环中的计数循环：for in range()循环

在实际应用中经常会用到按指定次数或按序列对象元素的索引号来循环执行循环体，这就要用到Python内置的可迭代函数range()作为可迭代对象进行for循环。

语法：

```
for 取值变量 in range([start,]end[,step]):    #range()为可迭代对象
    语句块A
[else:                                        #可选项，break退出循环时不执行
    语句块B]
```

下面首先来介绍一下Python内置的可迭代函数range()函数。

语法：range([start], end, [step])

功能：用于生成从start开始到end的前一个值的整数序列，序列值间隔为step。具体来说，start和end是左闭右开区间，即 [start,end)，其中：

start决定序列的起始值（可省略，默认值为0）。

end代表序列的终值（不可省略。半开区间，不包括end的值，即最后一个产生的是终值的前一个值）。

step代表序列的步长（可省略，默认值是1）。当终值小于起始值时，步长也可以为负值。

例如：

```
>>> list(range(0,10,2))
[0,2,4,6,8]
>>> list(range(2,11))
[2,3,4,5,6,7,8,9,10]
>>> list(range(6))
[0,1,2,3,4,5]
>>> list(range(10,3,-2))
[10,8,6,4]
```

for in range()循环实现的功能是：由遍历内置的可迭代函数range()产生的整数序列的每个元素控制的循环运行方式。对每次循环，取值变量代表着range()函数依次产生的整数值，执行循环

体,直到range()函数产生的值结束,循环结束。else子句的执行情形与for循环的一般情形相同。

【例 3-17】 编写程序:输出1~100之间能被7整除但不能同时被5整除的所有整数。

问题分析: 本例算法上是针对1~100之间的每个数都做相同的判断是否能被7整除但不能同时被5整除的操作,在算法实现上适于用for in range语句遍历1~100,循环体中嵌套分支结构if语句实现整除判断的功能。

程序代码:

```
for i in range(1,101):
    if i%7==0 and i%5!=0:
        print(i,end=' ')
```

【例 3-18】 编写程序:判断用户输入的数是否为素数。

素数为除了1和它自身外,不能被其他自然数整除的大于1的自然数。

问题分析: 求素数的算法适于用计数循环实现,注意此例中break语句和else子句的应用场景。

程序代码:

```
n=int(input("请输入大于1的自然数: "))
for i in range(2,n):
    if  n%i==0:
        print("{} 不是素数".format(n))
        break
else:
    print("{} 是素数".format(n))
```

思考: 循环结构while语句和for in语句何时以及如何使用break语句和else子句?

for循环和while循环的应用场景不同,具体区别如下:

for循环一般用于循环次数提前可确定的情况,具体来说主要用于计数循环以及遍历组合对象、文件等。例如,遍历字符串、列表、元组、集合、字典、文件等组合对象,或可迭代对象,典型的如range()函数对象用于计数循环。

while循环一般用于循环次数难以提前确定的情况。例如,需要按情形的变化是否符合条件来决定能否进入循环的应用,就只能用while循环实现。也可用于循环次数提前可确定的情况。也就是说用for循环能实现的也能用while循环实现。在while循环的循环体中增加一个变量作为计数器就可实现遍历计数的效果。

除了以上通过循环头的情形判断实现的正常循环控制机制外,for循环和while循环都还可以通过在循环体语句段中加break语句来强制跳出整个循环继续后续程序语句的执行。也可以加continue语句结束本次循环的执行(即循环体中此语句之后的后续语句不执行)直接跳到下一次循环的执行。一般来说都是当符合某条件时才执行break或continue语句,也就是会有分支结构语句的配合。

在循环结构中要防止死循环的出现,所谓死就是循环进入循环后一直无法符合循环退出条件,也执行不到强制退出循环语句break,循环一直在执行,无法退出的情形。

3.5.4 循环结构的嵌套

在设计程序时while循环和for循环的嵌套以及与if分支结构的嵌套就形成了复杂的逻辑关系,能够实现复杂算法,解决复杂问题。对开始时理不清思路的复杂问题,可先把大问题分解成小的功能模块,画出流程图,再进行算法设计和程序实现。

在使用循环嵌套时,应注意以下几点:

① 循环嵌套不能交叉,即在一个循环体内必须完整地包含另一个循环结构。

② 注意内外层循环间的逻辑关系,特别是内层循环与外层循环变量间的关系。

③ 多重循环程序执行时,外层循环每执行一次,内层循环都需要循环执行多次。能放到外循环的尽量不要放到内循环以提高运行效率。

④ 外层循环和内层循环控制变量避免同名,以免造成混淆。

⑤ 在写程序时注意内外层循环体的范围和不同的缩进层次。

⑥ 在嵌套循环结构中,嵌套的层数可以是任意的。

【例 3-19】 理解循环嵌套中内循环与外循环间的逻辑关系。

程序代码:

```
i=0
while i<2:
    for j in range(3):
        print("i=",i,"j=",j)
    i=i+1
```

问题分析:此例程序中,外循环的循环体执行了2次,在每次外循环中内循环的循环体执行了3次,内循环的循环体共执行了2×3=6次。

执行结果:

```
i=0    j=0
i=0    j=1
i=0    j=2
i=1    j=0
i=1    j=1
i=1    j=2
```

思考:分析由三种流程控制结构相互组合、嵌套形成的复杂程序时可用这种跟踪程序执行过程中变量的变化过程来确定变量的作用,明晰语句的功能,理清程序架构和逻辑关系以及程序实现的功能。这也是程序调试纠正逻辑错误的常用手段。

【例 3-20】 编写程序:输出九九乘法表。

问题分析:对此类按行列格式化输出多数据的题目,利用外循环决定输出的是第几行,利用内循环决定输出当前行的第几列,内外循环的配合决定了输出的是哪一项,内循环的循环体实现的是当前项的内容。注意字符串的格式化输出决定了输出时项的格式、列向的对齐方式。外循环的print()决定了一行在什么时候换行。

程序代码:

```
for i in range(1,10):
    for j in range(1,i+1):
        print("{}×{}={:<2}".format(j,i,i*j),end="   ")
    print()
```

运行结果如图3-9所示。

```
1×1=1
1×2=2    2×2=4
1×3=3    2×3=6    3×3=9
1×4=4    2×4=8    3×4=12   4×4=16
1×5=5    2×5=10   3×5=15   4×5=20   5×5=25
1×6=6    2×6=12   3×6=18   4×6=24   5×6=30   6×6=36
1×7=7    2×7=14   3×7=21   4×7=28   5×7=35   6×7=42   7×7=49
1×8=8    2×8=16   3×8=24   4×8=32   5×8=40   6×8=48   7×8=56   8×8=64
1×9=9    2×9=18   3×9=27   4×9=36   5×9=45   6×9=54   7×9=63   8×9=72   9×9=81
```

图3-9　运行结果图

【例 3-21】 编写程序：实现用户登录验证。正确的用户名为liuqiang，密码为123456。用户正确输入用户名和密码，提示"登录成功"，否则提示"用户名或密码错！"。有三次登录机会，仍输入错误，则提示"您已登录出错超过三次，再见！"

程序代码：

```python
stdname="liuqiang"
stdpass="123456"
for i in range(1,4):
    username=input("请输入用户名：")
    userpass=input("请输入密码：")
    if username==stdname and userpass==stdpass:
        print("登录成功！")
        break
    else:
        print('用户名或密码错！')
else:
    print("您已登录出错超过三次，再见！")
```

问题分析： 在此例的程序中三次登录机会是通过计数循环for in range实现的。程序实现中有两个else子句，注意它们的对应关系：前一个是分支if语句结构中的，后一个是计数循环for语句结构中的。还要注意，break语句只用来中断循环。

【例 3-22】 编写程序实现：由用户指定行数，按指定形式（见图3-10）输出星号图。

问题分析： 对按行列格式输出多数据类题目，除了可采用大循环决定行，小循环决定列的通用实现方法，对于显示的数据相同间隔一致的情形，还可利用字符串的重复运算符"*"简化每行行首空格的输出和行中各数据的输出。注意输出时print()函数的end参数的设置。

图3-10　运行结果图

程序代码：

```python
line=int(input("请输入行数："))
for i in range(1,line+1):
    print(" "*(line-i),end="")
    print("* "*i)
```

思考： 可以利用字符串的center()方法进一步简化上例程序代码，想一想如何通过修改代码实现。

【例 3-23】 编程解决百钱买百鸡问题：假设公鸡5元一只，母鸡3元一只，小鸡1元三只，现在有100块钱，想买100只鸡，问有多少种买法？

问题分析： 此例可以利用计算机程序常用的穷举法，通过循环结构把公鸡、母鸡、小鸡的数量所有情况都列举一遍来判断符合条件否，符合就是买法之一，循环完则所有的情况都筛查了一遍。这种循环的多层嵌套需要注意它们间的层次关系。

程序代码：

```
for a in range(0,101):
    for b in range(0,101):
        for c in range(0,101):
            if a*5+b*3+c/3==100 and a+b+c==100:
                print("公鸡：{0}只，母鸡：{1}只，小鸡：{2}只".format(a,b,c))
```

3.6 综合应用

【例 3-24】 本程序实现了一个闯关游戏的功能。本游戏共有5关，每关有10次问答机会，闯关成功可以由用户决定是否继续闯下一关，闯关失败则退出游戏。程序开始可统一设置关卡数、每关问答次数。一般来说每关内回答对的次数超过每关问答次数的百分之七十即可判定为闯关成功。具体来说，本程序每关随机产生小于1000的两个整数，玩家输入两个整数的和。如果输入正确，则提示回答正确，否则提示回答错误。回答正确加一分，回答错误不加分。每关有10次问答机会，每关结束时给出本关积分值，如果积分数大于7分，则输出"恭喜您，闯关成功！"，由用户决定是否继续下一关。否则输出"很遗憾，闯关失败！"，退出游戏。无论是用户自行退出还是闯关失败退出，都提示"欢迎下次再来挑战！"

问题分析：

此例通过把关键值（关卡数、每关问答次数等）定义成符号常量以方便修改和拓展。游戏的结束情形有闯关失败的强制退出，有由用户意愿决定的互动式退出，也有通关到底的正常退出。为了适应这些不同的游戏结束情境，程序通过条件循环while结构内加两个break语句来实现正常退出和两种中断退出的多种循环退出机制。配合while循环的else子句，每种退出循环方式都有适应自己的退出情形，独有的程序代码块来实现不同的输出提示。在循环体中还有多个分支结构实现不同游戏运行情形的判断。

总体来说，本程序综合应用了顺序结构、分支结构、循环结构，通过它们的互相组合、相互嵌套实现了游戏多层次的较复杂的逻辑关系。

程序代码：

```
import random
score=0                                      #本关积分
count=0                                      #回答次数
MAX_VALUE=1000                               #运算数的上限
LEVEL=5                                      #关卡数
TIME=10                                      #每关回答次数
print("欢迎您的光临，开始闯关：")
while count<TIME*LEVEL:
    x=random.randint(0,MAX_VALUE)
    y=random.randint(0,MAX_VALUE)
    print(x,"+",y,"=",end="")
    answer=int(input(""))
    if x+y==answer:
        print("回答正确，加一分")
        score=score+1
```

```
        else:
            print("回答错误,不加分")
    count=count+1
    if count%TIME==0:
        print("***您的本关积分为:",score)
        if score<=round(TIME*0.7):
            print("***很遗憾,闯关失败!")
            break
        else:
            print("***恭喜您,闯关成功!")
            if count<TIME*LEVEL:                    #确保非最后一轮
                confirm=input("是否进入下一轮挑战?(按E退出,其他键继续)")
                if confirm.upper()=="E":
                    print("很遗憾您退出了")
                    break
            score=0
else:
    print("***您已经通关,太棒了!***")
print("欢迎下次再来挑战!")
```

【例 3-25】 编程解决百钱买百鸡问题:假设公鸡5元一只,母鸡3元一只,小鸡1元三只,现在有100块钱,想买100只鸡,问有多少种买法?

问题分析:

此例可以利用计算机程序常用的穷举法,通过循环结构把公鸡、母鸡、小鸡的数量所有情况都列举一遍来判断是否符合条件,符合就是买法之一,循环完则所有的情况都筛查了一遍。这种循环的多层嵌套需要注意它们间的层次关系。

程序代码:

```
for a in range(0,101):
    for b in range(0,101):
        for c in range(0,101):
            if a*5+b*3+c/3==100 and a+b+c==100:
                print("公鸡:{0}只,母鸡:{1}只,小鸡:{2}只".format(a,b,c))
```

习 题

一、单选题

1. 以下关于 Python 循环结构的描述错误的是（   ）。
   A. 遍历循环中的遍历结构可以是字符串、文件、组合数据类型和 range() 函数等
   B. break 用来跳出当前层次的 for 或者 while 循环,脱离该循环后程序从循环代码后继续执行
   C. continue 语句只有能力跳出当前的循环
   D. Python 通过 for、while 等保留字提供遍历循环和条件循环结构
2. 以下关于分支结构的描述错误的是（   ）。

A. if 语句中条件部分可以使用任何能够产生 True 和 False 的表达式

B. if 语句中进入分支的条件判断只与本分支的条件表达式有关，与其他分支条件无关

C. 多分支结构用于设置多个判断条件以及对应的多条执行路径

D. if 语句中语句块执行与否依赖于条件判断

3. 以下关于 Python 循环结构的描述错误的是（　　）。

   A. 遍历循环中的遍历结构可以是字符串、文件、组合数据类型和 range() 函数等

   B. break 用来结束当前当次语句，但不跳出当前的循环体

   C. continue 只结束本次循环

   D. Python 通过 for、while 等保留字构建循环结构

4. 以下关于 Python 的控制结构的描述错误的是（　　）。

   A. 每个 if 条件后要使用冒号

   B. 在 Python 中，没有 switch-case 语句

   C. Python 中的 pass 是空语句，一般用作占位语句

   D. elif 可以单独使用

5. 以下关于循环结构的描述错误的是（　　）。

   A. 遍历循环的循环次数由遍历结构中的元素个数来体现

   B. 非确定次数的循环的次数是根据条件判断来决定的

   C. 非确定次数的循环用 while 语句来实现，确定次数的循环可用 for 语句来实现

   D. 能用 while 语句实现的循环结构都可以用 for 语句实现

6. 以下关于分支和循环结构的描述错误的是（　　）。

   A. 在 Python 中，分支和循环语句里使用 x<=y<=z 表达式是合法的

   B. 分支结构中的各分支用冒号来标记

   C. while 循环如果设计不当会出现死循环

   D. 二分支结构的 <表达式 1>if< 条件 >else< 表达式 2> 形式，适合用来控制程序分支

7. s="abcdef"，以下关于循环结构的描述错误的是（　　）。

   A. 表达式 for i in range(len(s)) 的循环次数与 for i in s 的循环次数是一样的

   B. 表达式 for i in range(len(s)) 的循环次数与 for i in range(0,len(s)) 的循环次数是一样的

   C. 表达式 for i in range(len(s)) 的循环次数与 for i in range(1,len(s)+1) 的循环次数是一样的

   D. 表达式 for i in range(len(s)) 与 for i in s 的循环中，i 的值是一样的

8. for 或者 while 与 else 搭配使用时，关于执行 else 语句块描述正确的是（　　）。

   A. 仅循环非正常结束后执行（以 break 结束）

   B. 仅循环正常结束后执行

   C. 总会执行

   D. 永不执行

9. 以下程序的输出结果是（　　）。

```
for i in range(3):
    for s in "abcd":
        if s=="c":
            break
```

```
    print (s,end="")
```
  A. abcabcabc B. aaabbbccc C. aaabbb D. ababab

10. 执行下列代码后，m、n的值分别是（ ）。

```
n=1234576789
m=0
while n!=0:
    m=(10*m)+(n%10)
    n//=10
```

  A. m = 0, n = 0   B. m = 123456789, n = 1
  C. m = 987654321, n = 0   D. m = 1, n = 9

二、程序填空题

1. 程序要求：输入一个年份，输出是否为闰年。闰年条件：能被4整除但不能被100整除，或者能被400整除的年份都是闰年。

【代码】

```
y=input("请输入一个年份：")
year=int(y)
if ___(1)___ and year%100!=0:
    print(year,"是闰年")
elif ___(2)___:
    print(year,"是闰年")
else:
    print(year," ___(3)___ ")
```

2. 程序要求：用户输入一个正整数n，求阶乘之和：1+2!+3!+…+n!。

【代码】

```
n=int(input("请输入一个正整数："))
total=0
___(1)___
for ___(2)___ in range(1, ___(3)___ ):
    a = a*i
    total = total+a
print("阶乘之和为：", ___(4)___ )
```

3. 程序要求：输入五位数，判断是否为回文数。回文数的定义：设a是一任意自然数，如果a的各位数字反向排列所得自然数与a相等，则a称为回文数。

【代码】

```
a = input("请输入五位数:")
n = len(a)
for i in ___(1)___ (1,n//2):
    ___(2)___ a[i-1] != a[-i]:
        print(a,"不是回文数.")
        ___(3)___
___(4)___
    print(a,"是回文数.")
```

4. 程序要求：输出如图3-11所示图形。
请输入上半部（含最长行）的行数：6

```
          *
         * *
        * * *
       * * * *
      * * * * *
     * * * * * *
      * * * * *
       * * * *
        * * *
         * *
          *
```

图3-11　运行结果

【代码】

```
n=___(1)___(input("请输入上半部（含最长行）的行数："))
   ___(2)___
while i<2*n:
    if i<=n:
        a="* "*i
        print(a)
    else:
        a="* "*___(3)___
        print(a)
    ___(4)___
```

三、程序调试题（根据题目功能描述，在以下相应程序中，不增删语句，调试修改错误，实现功能）

1. 程序功能：某公司招聘的录用规则如下：综合成绩 = 笔试成绩 × 50% + 面试成绩 × 50%，若综合成绩达到85分可立即发放Offer，60 ~ 84分进入候选人才库，小于60分直接淘汰。计算并输出综合成绩（保留2位小数）和录取结果。

运行示例：

```
请输入考生的笔试成绩：82
请输入考生的面试成绩：91
该考生的综合成绩为：86.50，录取结果为：立即发放Offer
```

【带错误的源代码】

```
score1=input("请输入考生的笔试成绩：")
score2=input("请输入考生的面试成绩：")
score=float(score1)*0.5+score2*0.5
if score>=85
    result="立即发放Offer"
```

```
else if score>=60:
    result="进入候选人才库"
else:
    result="直接淘汰"
print("该考生的综合成绩为：{%f}，录取结果为：{}".format(score,result))
```

2. 程序功能：一个正整数，如果它能被7整除，或者它的十进制表示法中某一位的数字为7，则称其为与7相关的数，编程输出所有小于 n（n<100，n 从键盘输入）的与7无关的正整数。

运行示例：

```
输入：106
请输入一个小于100的整数：
输入：20
1 2 3 4 5 6 8 9 10 11 12 13 15 16 18 19
```

【带错误的源代码】

```
n=input("输入：")
while n>=100
    print('请输入一个小于100的整数：')
    n=int(input("输入："))
for i in range(n):
    if i%7==0 or i//10==7:
        break
    print(i,end=' ')
```

3. 程序功能：从键盘输入2个正整数，输出这2个数之间的所有素数，按每行10个显示。

运行示例：

```
请输入范围的下限：30
请输入范围的上限：200
[30,200]范围内的素数如下：
31  37  41  43  47  53  59  61  67  71
73  79  83  89  97  101 103 107 109 113
127 131 137 139 149 151 157 163 167 173
179 181 191 193 197 199
```

【带错误的源代码】

```
a=int(input("请输入范围的下限："))
b=int(input("请输入范围的上限："))
if(a<=0 and b<=0):
    print("数据输出有误！")
else:
    if(a>b):
        a,b=b,a
    print('[{0},{1}]范围内的素数如下：'.format(a,b))
    line=0
    for num in range(a,b+1):
        for i in range(2,num):
            if(num%i==0):
                continue
```

```
        else:
            print("{0}".format(num))
            line=line+1
            if(line//10==0 and line!=0):
                print()
```

四、编程题

1. 某商店出售某品牌运动鞋，每双定价160，1双不打折，2双（含）至4双（含）打九折，5双（含）至9双（含）打八折，10双（含）以上打七折。键盘循环输入购买数量，输入0退出，屏幕输出总额（保留整数）。保存程序名：购鞋总额.py。

2. 由用户输入项数，输出斐波那契数列（Fibonacci sequence）的前 n 项。斐波那契数列是指从1,1开始，后面每一项等于前面两项之和，即 1，1，2，3，5，8，…。保存程序名：斐波那契数列.py。

3. 鸡兔同笼问题。用户输入鸡和兔子的总数和腿的总数，求有多少只鸡和多少只兔子。保存程序名：鸡兔同笼.py。

4. 输出所有的"水仙花数"。所谓"水仙花数"是指一个三位数，其各位数字立方和等于该数本身。例如，153是一个"水仙花数"，因为 $153=1^3+5^3+3^3$。保存程序名：水仙花数.py。

5. 输出由1、2、3、4这四个数字组成的每位数都不相同的所有三位数。要求每行输出不超过10个数据。保存程序名：三位数组合.py。

第4章 组合数据类型

本章概要

本章主要介绍组合数据类型中的四种重要的数据：列表、元组、字典、集合。从可变与不可变、有序和无序分析了各类数据的特点和应用。并结合案例，根据实际应用情况的需求，利用不同的数据解决问题。

学习目标

◎ 了解组合数据类型基本概念。
◎ 掌握序列类型数据的特点和方法。
◎ 掌握映射类型数据的特点和方法。
◎ 掌握集合数据的特点和方法。

组合数据是Python应用的重要基础，学会灵活运用组合数据，才更能体会Python数据处理的强大功能。

4.1 组合数据概述

第2章对Python中单一的基本数据类型（布尔类型、整型、浮点类型、字符串类型）做了介绍，并且讲解了通过函数（如int()、bool()、float()、str()等）将一种数据对象转换为另一种基本类型。

在日常生活中使用的网站、移动应用中存在大量同时处理多个数据的情况，需要将多个数据有效组织起来并统一表示，这种能够表示多个数据的类型称为组合数据类型。换句话说，应用的数据依赖于一定的数据结构进行存储，其中的数据以一种特定的形式保存在数据结构中，在需要的时候被展现。而这些存储大量数据的容器，在Python中称为内置数据结构，常见的有列表、元组、字符串、字典、集合，也常称为组合数据。

4.1.1 初识组合数据

Python中，组合数据类型分为三类，分别是序列、映射和集合，其中，序列类型又包含字符串、列表和元组三种数据类型。每种数据结构都有自己的特点,并且有着独到的用处。序列类型是一个元素向量,元素之间存在先后关系,通过序号访问,元素之间不排他。集合类型是一个元素集合,元素之间无序,相同元素在集合中唯一存在。映射类型是"键-值"数据项的组合,每个元素是一个键值对,表示为(key, value)。

先来认识一下组合数据类型——列表、元组、字典和集合。

某用户预订了商品编号为"ID0010230"、单价为15.68元,数量为36,可将这3个不同类型的简单数据组织成一个复合数据类型——元组。记作:

BookInfo0=("ID0010230",15.68,36)

另一用户预订了商品编号为"ID2315937"、单价为20元,数量为2,可记作:

BookInfo1=("ID2315937",20,2)

```
>>> BookInfo0=("ID0010230",15.68,36)          #元组
>>> type(BookInfo0)
<class 'tuple'>                                #返回元组类型
>>> BookInfo1=("ID2315937",20,2)
```

可以按订单产生的先后顺序组成一个列表(列表里的项是有顺序编号的):

```
>>> BookList=[BookInfo0,BookInfo1]             #列表
>>> type(BookList)
<class 'list'>                                 #返回列表类型
```

也可以汇总为集合:

```
>>> BookSet={BookInfo0,BookInfo1}              #集合
>>> type(BookSet)
<class 'set'>                                  #返回集合类型
>>> BookSet
```

若记录商品的编号和价格对应的信息,可以采用字典:

```
>>> goods={"ID0010230":15.68,"ID2315937":20}   #字典
>>> type(goods)
<class 'dict'>                                 #返回字典类型
```

4.1.2 常见组合数据类型

Python中常见的数据结构可以统称为容器(container)。序列[如列表(list)、元组(tuple)和字符串]、映射[如字典(dict)]以及集合(set, frozenset)是三类主要容器,有些图书中将组合数据类型统一称为序列,并从是否有序角度可将其分为有序序列和无序序列;从元素是否可变角度可将其分为可变序列和不可变序列,详细信息见表4-1。

表 4-1 组合数据的分类

数据结构	有序序列	无序序列	可变序列	不可变序列
字符串	●			●
列表	●		●	
元组	●			●
字典		●	●	
集合		●	△	△

表4-1中的△号表示集合既有可变集合set又有不可变集合frozenset。

4.2 序列类型——列表与元组

4.2.1 序列通用操作及操作符

序列中的每个元素都有自己的编号。Python中有许多内建的序列。其中列表和元组是最常见的类型，其他还包括字符串、range等对象。

Python 3.x中所有序列都可以进行某些特定的操作，这些操作包括：索引（indexing）、分片（sliceing）、序列相加（adding）、乘法（multiplying）、成员资格、长度、最小值和最大值，详细信息见表4-2和表4-3。

表 4-2　序列型组合数据的通用操作及操作符

通用操作及操作符	作　　用
x in s	如果 x 是序列 s 的元素，返回 True，否则返回 False
x not in s	如果 x 是序列 s 的元素，返回 False，否则返回 True
s + t	连接两个序列 s 和 t
s*n 或 n*s	将序列 s 复制 n 次
s[i]	索引，返回 s 中的第 i 个元素，i 是序列的序号
s[i: j] 或 s[i: j: k]	切片，返回序列 s 中第 i 到 j 以 k 为步长的元素子序列

表 4-3　序列型组合数据的通用操作函数

通用操作函数	作　　用
len(s)	返回序列 s 的长度，即元素个数
min(s)	返回序列 s 的最小元素，s 中元素需要可比较
max(s)	返回序列 s 的最大元素，s 中元素需要可比较
s.index(x) s.index(x, i, j)	返回序列 s 从 i 开始到 j 位置中第一次出现元素 x 的位置
s.count(x)	返回序列 s 中出现 x 的总次数
map(func,s)	根据提供的 func 函数对指定序列 s 做映射，第一个参数 func 以参数序列 s 中的每一个元素调用 func 函数，返回包含每次 func 函数返回值的新列表
all(s)	用于判断给定的可迭代参数对象 s 中的所有元素是否都为 True，如果是返回 True，否则返回 False
any(s)	判断给定的可迭代参数对象 s 是否全部为 False，是则返回 False，如果有一个为 True，则返回 True
enumerate(s)	将一个可遍历的数据对象 s（如列表、元组或字符串）组合为一个索引序列，同时列出数据和数据下标，一般用在 for 循环中

1. 索引

第2章中已经介绍了字符串的索引操作。索引有两种方式：正向索引和反向索引。对于所有有序序列中的数据来讲，都是通过索引值定位、访问序列中每一个位置的元素。正向索引，索引值自左向右，索引值从0开始编号；反向索引，索引值自右向左，从-1开始编号。一般格式如下：

序列对象名[索引值]

例如：

```
>>> BookInfo0=("ID0010230",15.68,36)
>>> BookInfo0[1]
15.68
>>> BookInfo0[3]          #索引值超出了范围
Traceback(most recent call last):
    File "<pyshell#2>",line 1,in <module>
        BookInfo0[3]
IndexError:tuple index out of range
```

> **注意：**
>
> 当索引超出了范围时，Python 会报一个 IndexError 的错误。在编程时要确保通过索引访问序列元素时不要越界。通常可通过内置函数 len() 确定索引值的最大值。例如：
>
> ```
> >>> index_max=len(BookInfo0)-1    #正向索引值最大值为：元素个数-1
> >>> print(index_max)
> 2
> ```

2. 切片

序列的索引用来对单个元素进行访问，但若需要对一个范围内的元素进行访问，使用序列的索引进行操作就相对麻烦了，这时需要有一个可以快速访问指定范围元素的实现方式。Python中提供了切片的实现方式，所谓切片，就是通过冒号相隔的两个索引值指定索引范围。一般形式为：

序列对象名[起点:终点:步长]

进行切片时，切片的起点索引值和终点索引值都需要指定，用这种方式取连续的元素是没有问题的，但是若要取序列中不连续的元素，就须提供另外一个参数——步长。在该参数没有设置时，步长隐式设置值为1，表示连续获取元素。如果步长设定为2，表示每间隔一个元素取一个。如果步长设定为负数，则代表反向获取，即从右向左取数据。例如：

```
>>> films="哈登,乔治,恩比德,詹姆斯,库里"
>>> file_lst=films.split(',')
>>> print(file_lst)
['哈登','乔治','恩比德','詹姆斯','库里']
>>> file_lst[1:5]            #连续获取
['乔治','恩比德','詹姆斯','库里']
>>> file_lst[::2]            #间隔一个获取
['哈登','恩比德','库里']
>>> file_lst[4:1]            #正向获取时起点索引值大于终点索引值时，取到的是空数据
[]
>>> file_lst[4:1:-1]         #逆序连续获取
['库里','詹姆斯','恩比德']
```

```
>>> file_lst[1:4:-1]          #反向获取时起点索引值小于终点索引值时，取到的是空数据
[]
```

3. 求序列元素个数len

序列可以容纳任何数据对象，所以要分清楚数据和元素的概念，尤其在不同的类型数据嵌套使用时。例如：

```
>>> BookList=[("ID0010230",15.68,36),("ID2315937",20,2)]#列表里嵌套了元组
>>> len(BookList)             #列表包含两个元组类型的元素
2
>>> len(BookList[0])          #BookList[0]为元组，所以求元组中的元素个数
3
```

4.2.2 列表

列表（List）是Python内置的一种序列类型数据，是一种能以序列形式保存任意数目的不同Python对象的数据类型。列表是将数据对象写在方括号之间、用逗号分隔开的数据容器。列表的特点如下：

① 列表中的每一个数据元素都是可变的，可以随时对其中的数据元素进行添加和删除操作。

② 列表中的元素都是有序的，可通过索引实现对元素的访问和修改。

③ 列表可以容纳Python中的任意一种数据对象，列表内的元素不必全是相同的数据类型。

1. 列表的创建与访问

（1）列表的创建

列表用符号"["和"]"界定，多个数据对象之间用逗号分隔。

【例4-1】 利用列表分别存储5名学生的年龄和姓名，并输出对应的姓名和年龄。

问题分析：可将学生年龄分别存储在变量age1、age2、age3、age4、age5中，而姓名存放在user1、user2、user3、user4、user5中，这样数据之间关联性不大，操作也不方便。在学习了列表后，可将这5名学生的年龄和姓名分别保存在一个列表中，利用索引值实现他们的信息对应，索引值相同的就是同一个学生信息。

程序代码：

```
#创建列表
userAge=[21,22,23,24,25]
userName=["汪伟","李治","陈东","王冰","韩悦"]
#使用循环遍历列表元素
for i in zip(userName,userAge):
    print(i)
```

运行结果如图4-1所示。

也可以创建一个没有任何初始值的列表，即空列表，后面可通过列表的操作对其添加数据。比如创建一个学生姓名的空列表：

```
>>> userName=[]               #创建空列表
```

也可以通过list()函数将元组或字符串等对象转化为列表，直接使用list()函数会返回一个空列表：

```
('汪伟', 21)
('李治', 22)
('陈东', 23)
('王冰', 24)
('韩悦', 25)
```

图4-1 运行结果图

```
>>> userName=list()
>>> userName
[]                                          #显示空列表
>>> ls2=list("Hello Shanghai")              #将字符串转为列表
>>> ls2
['H','e','l','l','o',' ','S','h','a','n','g','h','a','i']
```

列表元素可以为不同的数据类型,因此还可以将学生的姓名和年龄都存储在一个列表中:

```
>>> userInfo1=["汪伟",21,"李治",22,"陈东",23,"王冰",24,"韩悦",25]
```

也可以通过列表的基本操作,将两个列表连接起来,赋值给另一个列表对象:

```
>>> userInfo2=userAge+username              #列表的连接
>>> userInfo2
[21,22,23,24,25,'汪伟','李治','陈东','王冰','韩悦']
```

列表是允许嵌套的,也就是列表中的元素同样是列表,利用列表的嵌套可以组成多维列表。例如:

```
>>> userInfo3=[userAge,userName]            #构建嵌套列表
>>> userInfo3
[[21,22,23,24,25],['汪伟','李治','陈东','王冰','韩悦']]
```

(2)列表的访问

列表访问可以通过索引的方式取得单个元素,也可以通过遍历循环读取所有元素。

```
>>> userInfo1=["汪伟",21,"李治",22,"陈东",23,"王冰",24,"韩悦",25]
>>> userInfo1[3]                            #索引访问单个元素
22
>>> userInfo1[2:4]                          #切片访问部分元素
['李治',22]
>>> for i in userInfo1:                     #遍历所有元素
        print(i)
```

【例 4-2】利用嵌套列表userInfo3存储数据,将学生姓名和年龄对应输出。

问题分析:列表userInfo3采用的是列表嵌套的存储方式存储了学生姓名子列表和年龄子列表。在获取数据时,可通过逐层索引的方式获取。userInfo3[0]代表取出userAge子列表,userInfo3[0][1]是取userAge子列表中第二个数据。

程序代码:

```
userAge=[21,22,23,24,25]
userName=["汪伟","李治","陈东","王冰","韩悦"]
print("姓名","年龄",sep=" ")
userInfo3=[userAge,userName]
for i in range(len(userAge)):
    print(userInfo3[1][i],userInfo3[0][i],sep=" ")
```

姓名	年龄
汪伟	21
李治	22
陈东	23
王冰	24
韩悦	25

图4-2 运行结果图

运行结果如图4-2所示。

思考:userInfo1、userInfo2和userInfo3三个列表的不同。对于这些信息,还可创建什么形式的列表,这种结构有哪些优势?

2. 列表数据的增加、删除和修改

（1）利用切片操作对列表数据的增加、删除和修改（见表4-4）

【例 4-3】 在列表userInfo3数据的基础上，增加、删除和修改学生信息。为列表userInfo3增加学生对应的学号信息[1101,1102,1103,1104,1105]；修改"王冰"的姓名为"王斌"；删除学号为1102的学生所有信息。

表4-4　切片法的增加、删除和修改

操　　作	描　　述
ls[i] = x	修改列表 ls 第 i 个元素为 x
ls[i: j: k] = lt	用列表 lt 中元素替换 ls 切片所对应元素子列表 ls[:0]=lt 在列表 ls 头部增加 lt 列表元素 ls[1:3]=lt 将列表 ls 中切片 [1:3] 部分元素替换为 lt 列表元素
del ls	删除列表 ls
del ls[i]	删除列表 ls 中第 i 个元素
del ls[i: j: k]	删除列表 ls 中第 i 到第 j 以 k 为步长的元素

问题分析：程序先创建了三个列表分别存储年龄、姓名、学号，其中学号列表设定为空列表。然后将三个子列表放置在列表userInfo3中，实现嵌套列表结构。然后使用切片增加数据方法，将学号列表数据增加到userNo列表中。修改和删除数据，利用了列表的有序性，先需要通过函数index找到其对应的索引，然后进行修改和删除操作。

程序代码：

```
userAge=[21,22,23,24,25]
userName=["汪伟","李治","陈东","王冰","韩悦"]
userNo=[]
userInfo3=[userNo,userAge,userName]

#用切片为学号列表头部增加元素
userNo[:0]=[1101,1102,1103,1104,1105]
print(userInfo3)

#修改学生姓名
id=userName.index("王冰")
userName[id]="王斌"
print(userInfo3)

#删除学号1102的学生信息
id=userNo.index(1102)
for item in userInfo3:
    del item[id]
print(userInfo3)
```

思考：考虑一下如果在列表中间或尾部用切片法追加数据，应该如何表示？

（2）利用列表对象的方法对列表进行增加、删除和修改

列表数据类型还有很多方法，表4-5是列表对象方法的清单。

表 4-5 列表常用对象方法

函数或方法	描述
ls.append(x)	在列表 ls 末尾最后增加一个元素 x，相当于 ls[len(ls):] = [x]
ls.extend(lt)	使用 lt 列表中的所有元素扩展列表 ls，相当于 ls[len(ls):] = lt
ls.insert(i,x)	在给定位置插入一个元素。第一个参数是要插入元素的索引，ls.insert(0, x) 表示插入列表头部
ls.clear()	删除列表 ls 中所有元素
ls.remove(x)	删除列表 ls 中出现的第一个元素 x，如果没有这样的元素，则抛出 ValueError 异常
ls.pop([i]) ls.pop()	删除列表 ls 中第 i 位置的元素并返回它，如果不指定 index 则默认为 –1，即 ls.pop() 表示删除并返回列表最后一个元素
ls.copy()	生成一个新列表，赋值 ls 中所有元素。返回列表的一个浅拷贝，等价于 a[:]
list.index(x[, start[, end]])	返回列表中第一个值为 x 的元素从零开始的索引。如果没有这样的元素将抛出 ValueError 异常
list.count(x)	返回元素 x 在列表中出现的次数
list.sort(key=None, reverse=False)	对列表中的元素进行排序，默认为升序，若要降序，则设置 reverse=True
ls.reverse()	将列表 ls 中的元素反转

使用函数时注意参数的含义及函数功能的不同点，比如append()和entend()这两个方法看起来都是增加元素，但实际上是不同的。方法append()只接收一个参数，但是这个参数可以是任意数据类型，比如列表和元组等，而且只是将这个数据追加到原列表后面作为一个独立元素存在。

方法extend()也是只接收一个参数，不同的是这个参数必须是一个列表，而且会把这个列表的每个元素拆分出来，依次追加到原列表后面。

【例 4-4】用列表对象方法实现例4-3的功能。

问题分析：这里通过遍历循环for语句，利用对象方法append()将多个数值加入列表中，删除操作也是通过循环，利用pop()方法一次删除一个数据。

程序代码：

```
userAge=[21,22,23,24,25]
userName=["汪伟","李治","陈东","王冰","韩悦"]
userNo=[]
userInfo3=[userNo,userAge,userName]

#将学号逐个添加到userNo列表中
for i in range(1101,1106):
    userNo.append(i)
print(userInfo3)

#修改学生姓名
id=userName.index("王冰")
userName[id]="王斌"
print(userInfo3)
```

```
#删除学号1102的学生对应所有信息
id=userNo.index(1102)
for item in userInfo3:
    item.pop(id)
print(userInfo3)
```

（3）列表排序

对于排序可以选择手写排序算法，也可以选择Python提供的更简便且强大的函数或对象方法：列表方法sort()和内置函数sorted()，但注意使用排序函数时，列表中的每个元素类型必须相同才可以进行排序，否则将会报错。比如：

```
>>> userInfo1=["汪伟",21,"李治",22,"陈东",23,"王冰",24,"韩悦",25]
>>> userInfo1.sort()
Traceback(most recent call last):
    File "<pyshell#1>",line 1,in <module>
        userInfo1.sort()
TypeError:'<' not supported between instances of 'int' and 'str'
```

列表方法sort()和内置函数sorted()的使用有所区别。sort()方法可以在原列表的基础上进行排序，同时改变原列表的数据顺序。sorted() 函数可以对几乎任何数据结构排序，同时返回一个新的排序后的数据结构，而且不会改变原数据结构的序列。比如：

```
>>> fruit=["banana","pear","orange","apple"]
>>> fruit.sort()
>>> print(fruit)
['apple','banana','orange','pear']
>>> fruit=["banana","pear","orange","apple"]
>>> sorted(fruit)
['apple','banana','orange','pear']
>>> print(fruit)
['banana','pear','orange','apple']
```

如果希望元素能按特定方式进行排序可以自定义比较方法。sort()方法有两个可选参数——key和reverse。注意，不管使用sort()还是使用sorted()，默认都是升序排序。如果想按照降序排序，需要设定参数 reverse = True，比如 fruit.sort(reverse = True)。例如：

```
>>> fruit=["banana","pear","orange","apple"]
>>> fruit.sort(key=len)                        #按照字符串的长度进行排序，默认升序
>>> print(fruit)
['pear','apple','banana','orange']
>>> fruit.sort(key=len,reverse=True)           #按照字符串的长度进行排序，设定为降序
>>> print(fruit)
['banana','orange','apple','pear']
```

【例 4-5】产生具有一定规则的数列是数学研究常见的问题。下面生成的数列规律如下：该数列第1、2项分别为0和1，以后每个奇数下标项是前两项之和，偶数下标项是前两项差的绝对值。生成的20个数存在一维数组x中，并按每行4项的形式输出，如下所示：

```
0     1     1     2
1     3     2     5
3     8     5     13
8     21    13    34
21    55    34    89
```

程序代码:

```
from math import *
lst=[0]*20
lst[0],lst[1]=0,1
n=0
for i in range(2,20):
    if i%2!=0:
        lst[i]=lst[i-1]+lst[i-2]
    else:
        lst[i]=abs(lst[i-1]-lst[i-2])
for i in range(20):
    print("{:<5}".format(lst[i]),end="")
    n=n+1
    if n%4==0:
        print()
```

【例 4-6】 生成10个[1000,2000]之间的随机整数,并存放在列表中,最后按降序排列,并输出其中最大值。

问题分析:这里利用了随机函数库,使用随机函数randint(a,b)产生一个a至b之间的整数。利用for循环多次调用append()方法实现列表数据的增加。由列表的有序性,可采用列表的sort()方法实现数据的排序。

程序代码:

```
import random
num_list=[]                                #生成空列表
for i in range(10):
    num=random.randint(1000,2000)          #生成随机整数
    num_list.append(num)                   #列表元素追加
num_list.sort(reverse=True)                #降序排序
print(num_list)
print("随机最大值为{}".format(max(num_list)))
```

4.2.3 元组

元组(tuple)也是一种序列组合数据类型,同样可以存储不同类型的数据,我们常理解成一个轻量级的列表,但因为元组一旦初始化就不能更改,因此在列表中存在的增加、删除、修改数据的对象方法和排序等操作均不可以使用在元组上,但是序列型数据的通用操作(如索引和切片等)都可以使用。

那不可变的元组有什么意义?因为tuple不可变,所以代码更安全,常用来作为参数传递给函数调用,或者从函数调用那里获得参数时,保护其内容不被外部接口修改。

1. 元组的创建和访问

（1）元组的创建

如何定义一个元组？Python中使用小括号界定一个元组，括号内的所有元素用逗号分隔。

```
>>> fruit1=("banana","pear","orange","apple")         #定义元组
```

也可以使用tuple()函数将其他类型的数据（如字符串、列表等）转为元组类型。

```
>>> fruit2=tuple("apple")
>>> print(fruit2)                              #注意字符串转元组时是将每个字符作为一个元素
('a','p','p','l','e')
```

注意，如果定义的是只有一个元素的tuple，例如：

```
>>> tup1=(1)
>>> type(tup1)
<class 'int'>
```

Python规定，这种情况下定义的不是tuple，而是一个整型变量tup1，值为1。所以只有一个元素的tuple定义时必须加一个逗号，用来消除歧义，以免误解为数学计算意义上的括号。例如：

```
>>> tup1=(1,)
>>> type(tup1)
<class 'tuple'>
```

（2）元组的访问

元组的访问和列表一样，可采用索引、切片和遍历方式进行。但是不能通过赋值对元组数据修改，因为元组是不可变数据类型。例如：

```
>>> fruit1[1]
'pear'
>>> fruit1[0:3]
('banana','pear','orange')
>>> fruit1[2]="kiwi"               #不可进行赋值操作
Traceback(most recent call last):
    File "<pyshell#9>",line 1,in <module>
        fruit1[2]="kiwi"
TypeError:'tuple' object does not support item assignment
```

2. 元组的操作

元组作为序列型组合数据类型，和列表一样，序列数据的通用操作符和内置函数（见表4-2和表4-3）都可以使用，如访问元组、索引和截取等操作。

元组对象不可变性导致类似列表中的增加、删除、查找数据方法不可以用，也就是说append()、insert()、extend()、pop()、remove()、sort()都不可使用。

元组中的元素值是不允许修改的，但可以对元组进行连接组合，元组连接组合的实质是生成一个新的元组，并非是修改了原本的某一个元组。例如：

```
>>> fruit1=("banana","pear","orange","apple")
>>> fruit2=fruit1[0:2]+("water melon","kiwi")+fruit1[3:]      #生成新元组
>>> fruit2
('banana','pear','water melon','kiwi','apple')
```

元组中的元素值是不允许删除的，但可以使用del语句删除整个元组。例如：

```
>>> del fruit1
>>> print(fruit1)
Traceback(most recent call last):
    File "<pyshell#8>",line 1,in <module>
        print(fruit1)
NameError:name 'fruit1' is not defined
```

以上示例元组被删除后，输出变量会有异常信息，输出结果显示fruit1没有定义，即该元组已经不存在了。

元组和列表数据都有各自的特点，在使用时应根据情况使用，当然也可以通过函数list()和tuple()进行类型转换。

【例4-7】 输入一个十进制整数，输出其对应的十六进制表示形式。

问题分析：十进制转十六进制的算法为"除以16取余法"，即每次将整数部分除以16，余数为该位权上的数，而商继续除以16，余数又为上一个位权上的数，这个步骤一直持续下去，直到商为0为止，最后读数时，从最后一个余数起，一直到最前面的一个余数。而十六进制的符号固定为0~9、a~f，为了防止符号被修改，因此将这些符号固定放置在一个元组数据X中：

```
X=('0','1','2','3','4','5','6','7','8','9','a','b','c','d','e','f')
```

余数为0，则对应取X中索引值为0的符号，余数为13，则对应取出X[13]，即'd'。

程序代码：

```
base=('0','1','2','3','4','5','6','7','8','9','a','b','c','d','e','f')
num=int(input("输入十进制整数:"))
numx=num
mid=[]
while True:
    if numx==0:
        break
    numx,rem=divmod(numx,16)
    mid.append(base[rem])
result=''.join(mid[::-1])
print("{}的十六进制表示为:0x{}".format(num,result))
```

4.2.4 推导式

推导式（comprehensions）又称解析式，是Python的一种独有特性。推导式是可以从一个数据序列构建另一个新的数据序列的结构。解析式可用于修改可迭代对象、过滤可迭代对象。列表推导式使用非常简洁的方式快速生成满足特定需求的列表，代码具有非常强的可读性。列表推导式的一般形式：

```
[expression for item in iterable]  #[表达式 for 元素 可迭代对象]
```

也可以多层嵌套：

```
[expression for expr1 in sequence1 if condition1
    for expr2 in sequence2 if condition2
    for expr3 in sequence3 if condition3
```

```
        ...
        for exprN in sequenceN if conditionN]
```

例如：

```
>> aList=[x*x for x in range(10)]
```

相当于

```
>>> aList=[]
>>> for x in range(10):
        aList.append(x*x)
```

列表解析式返回的结果是列表，列表的内容是表达式执行的结果，上述aList=[0, 1, 4, 9, 16, 25, 36, 49, 64, 81]。

列表解析式中还可以带有条件，即if关键字，甚至多个if嵌套，格式如下：

```
[expression for item in iterable if condition1]
```

等价于：

```
ret=[]
for item in iterable:
    if condition1:
        ret.append(exper)
```

对于有多个for与if的情况，就是多个for语句相当于逐层for嵌套，for关键字要写在前面，后面可以用for或if进行嵌套。

```
>>> vec=[[1,2,3],[4,5,6],[7,8,9]]
>>> [num for elem in vec for num in elem]
[1,2,3,4,5,6,7,8,9]
```

在这个列表推导式中有2个循环，其中第一个循环可以看作外循环，执行得慢；而第二个循环可以看作内循环，执行得快，等价于：

```
>>> vec=[[1,2,3],[4,5,6],[7,8,9]]
>>> result=[]
>>> for elem in vec:
        for num in elem:
            result.append(num)
```

【例4-8】将列表[1, 2, 3]和[3, 1, 4]中的不相等数字配对，输出所有的配对可能。

程序代码：

```
for x in [1,2,3]:
    for y in [3,1,4]:
        if x!=y:
            print((x,y),end='')
```

说明：

该代码可用下面一句替代：

```
[(x,y) for x in [1,2,3] for y in [3,1,4] if x!=y]
```

4.3 字典与集合

4.3.1 字典

字典是Python中唯一的映射类型,映射是数学上的一个术语,指两个元素集之间元素相互"对应"的关系,生活中有很多这种数据关系,比如化学物质名称和其对应的分子式如图4-3所示。

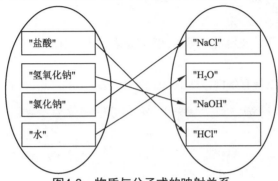

图4-3 物质与分子式的映射关系

映射类型区别于序列类型,序列类型以数组的形式存储,通过索引的方式获取相应位置的值,一般索引值与对应位置存储的数据是毫无关系的。例如:

```
>>> a=["盐酸","氢氧化钠","氯化钠","水"]
>>> b=["HCl","NaOH","NaCl","H₂O"]
```

这两个列表分别存放的是物质名称和分子式,而它们在列表中的索引和相对的值是没有任何关系的,可以看出,唯一有联系的就是两个列表中索引号相同的元素有对应关系,如果要实现通过物质名称查找对应的分子式的功能,只能间接通过物质名称的查找定位获取分子式。即通过a.index("氢氧化钠")获取物质名称在物质列表中的索引值,然后再利用该索引值获取分子式列表中相同位置的分子式。

```
>>> print('"氢氧化钠"的分子式为{}'.format(b[a.index("氢氧化钠")]))
"氢氧化钠"的分子式为NaOH
```

因此映射关系型的数据对可采用字典数据表示,Python中对字典进行了构造,可以轻松查到某个特定的键(类似拼音或笔画索引),从而通过键找到对应的值(类似具体某个字),其中物质名称称为字典的键,而对应的分子式称为对应的值,这一对数据称为一个键值对,字典就有很多个键值对所构成的。

```
>>> a={"盐酸":"HCl","氢氧化钠":"NaOH","氯化钠":"NaCl","水":"H₂O"}   #定义字典a
>>> type(a)
<class 'dict'>              #返回字典类型
>>> a["盐酸"]                #求字典中键"盐酸"的值
'HCl'                       #返回字典中键"盐酸"的值
>>> a["盐酸"]+'+'+a["氢氧化钠"]+"="+a["氯化钠"]+'+'+a["水"]
'HCl+NaOH=NaCl+H₂O'         #返回化学反应方程式
```

字典数据的特征如下:

• 字典对象是可变的,能存储任意个数的Python对象字典中的数据,但必须是以键值对的形式出现。
- 逻辑上讲，键不可重复，值可重复。
- 字典中的键（key）是不可变数据，也就是无法修改；而值（value）是可变数据，可以修改，可以是任何数据对象。
- 字典数据是无序的。

1. 字典的创建

简单地说，字典就是用大括号（{}）包裹的键值对的集合，每一对键值对组合又称项。使用过程中需注意以下几点：

- 键与值用冒号":"分开；
- 项与项用逗号","分开；
- 字典中的键必须是唯一的不可变数据类型，而值可以不唯一。

在Python中，数字、字符串和元组都被设计成不可变类型，而常见的列表以及集合（set）都是可变的，所以列表和集合不能作为字典的键。

创建字典的一般格式如下：

```
d={key1:value1,key2:value2}
```

例如：

```
>>> aDict={}                          #创建空字典
>>> type(aDict)
<class 'dict'>
>>> bDict={"盐酸":"HCl","氢氧化钠":"NaOH","氯化钠":"NaCl","水":"H₂O"}
#直接创建键值对集合
>>> type(bDict)
<class 'dict'>
```

也可以用dict函数创建空字典。

```
>>> aDict=dict()                      #函数创建空字典
>>> aDict
{}
```

或者使用dict()函数将其他映射（如其他字典）或者（键/值）这样的序列转换为字典。

```
>>> blst=[("盐酸","HCl"),("氢氧化钠","NaOH")]
>>> bDict=dict(blst)
>>> print(bDict)
{'盐酸':'HCl','氢氧化钠':'NaOH'}
```

还可以使用参数中设定关键字参数来创建字典。例如：

```
>>> adict=dict(name='allen',age=40)
>>> print(adict)
{'name':'allen','age':40}
```

在一个字典中，不允许同一个键出现两次，即键不能相同。创建字典时如果同一个键被赋值两次或以上，则最后一次的赋值会覆盖前一次的赋值。字典中的键必须为不可变的，可以用数字、字符串或元组充当，但不能用列表，输入如下：

```
>>> student={['name']:'小萌','number':'000'}
Traceback(most recent call last):
```

```
            File "<pyshell#11>",line 1,in <module>
                student={['name']:'小萌','number':'000'}
TypeError:unhashable type:'list'
```

在字典中，可以使用元组作为键，因为元组是不可变的。但不能用列表作为键，因为列表是可变的，使用列表作为键，运行时会提示类型错误。

2. 字典的操作

字典的基本操作在很多方面与序列（sequence）类似，也支持修改、删除等操作。下面进行具体讲解。

（1）字典键对应的值的获取

一般形式如下：

字典名[键名]

但如果键不存在，则会引发KeyError。例如：

```
>>> bDict["水"]                    #获取"水"对应的分子式'H₂O'
```

（2）添加/更新一个键值对

字典是可变的，因此可以向原有字典添加键值对，即使键在字典中并不存在，也可以为它赋一个值，这样字典就会自动建立新的项。例如，可以添加"碳酸钙"及其化学式的键值对：

```
>>> bDict={"盐酸":"HCl","氢氧化钠":"NaOH","氯化钠":"NaCl","水":"H₂O"}
>>> bDict["碳酸钙"]="CaCO₃"         #添加一个键值对
>>> print(bDict)        #新增后，字典输出的数据顺序会发生变化，因为字典的无序性
{'盐酸':'HCl','氢氧化钠':'NaOH','氯化钠':'NaCl','水':'H₂O','碳酸钙':'CaCO₃'}
```

如果键在字典中已经存在，那该操作就会对已有的键值对进行更新修改。例如：

```
>>> bDict["盐酸"]="HCl₂"            #更新已有的键值对
>>> print(bDict)
{'盐酸':'HCl₂','氢氧化钠':'NaOH','氯化钠':'NaCl','水':'H₂O','碳酸钙':'CaCO₃'}
```

（3）字典元素的删除

此处的删除指的是显式删除，显式删除一个字典用del命令。例如：

```
>>> bDict={"盐酸":"HCl","氢氧化钠":"NaOH","氯化钠":"NaCl","水":"H₂O"}
>>> del bDict["盐酸"]
>>> print(bDict)                   #打印删除盐酸之后的字典
{'氢氧化钠':'NaOH','氯化钠':'NaCl','水':'H₂O'}
```

除了删除键值对，也可以删除整个字典，删除后该字典就不存在了。

```
>>> del bDict                      #删除整个字典
>>> print(bDict)                   #字典已不存在，则报错误
Traceback(most recent call last):
    File "<pyshell#10>",line 1,in <module>
        print(bDict)
NameError:name 'bDict' is not defined
```

3. 字典对象的常用内置方法

字典对象提供了一系列内置方法来访问、添加、删除其中的键、值、键值对。对象方法的描述见表4-6。

第4章 组合数据类型

表4-6 字典对象的常用内置方法

函数或方法	描述
adict.keys()	返回一个包含字典所有键的 dict_keys 对象
adict.values()	返回一个包含字典所有值的 dict_keys 对象
adict.items()	返回一个包含所有项（键，值）的 dict_items 对象
adict.clear()	删除字典中所有项或元素
adict.pop(key[,default])	和 get 方法相似。如果字典中存在 key，删除并返回 key 对应的 value；如果 key 不存在，且没有给出 default 值，则引发 keyerror 异常
adict.get(key[,default = None])	返回字典中 key 对应的值，若 key 不存在字典中，则返回 default 值（default 的默认值为 None）
adict.setdefault(key, default=None)	和 get() 方法相似，但如果字典中不存在 Key 键，由 adict[key] = default 为其赋值
adict.copy()	返回一个字典浅拷贝的副本
adict.update(bdict)	将字典 bdict 的键值对添加到字典 adict 中

（1）利用对象方法遍历字典数据

运用for循环遍历字典，默认是对键的遍历，代码如下：

```
bDict={"盐酸":"HCl","氢氧化钠":"NaOH","氯化钠":"NaCl","水":"H2O"}
for key in bDict:    #输出所有的键，即物质名称
    print(key,end=",")
```

遍历字典使用字典的其他方法，分别可实现对字典的键、值以及键值对的遍历。例如：

```
bDict={"盐酸":"HCl","氢氧化钠":"NaOH","氯化钠":"NaCl","水":"H2O"}
for key in bDict.keys():              #输出所有的键，即物质名称
    print(key,end=",")
print()
for value in bDict.values():          #输出所有的值，物质分子式
    print(value,end=",")
print()
for key,value in bDict.items():       #输出所有的键值对，物质名与分子式
    print(key,value,end=",")
```

（2）利用对象方法获取字典的值

前面利用"字典名[键]"的方式获取对应的值，这里可以采用get方法实现，两者的区别在于前者当键不存在时会报错误，而采用get方法的，如果键不存在，则返回设定的默认值。

```
>>> bDict={"盐酸":"HCl","氢氧化钠":"NaOH","氯化钠":"NaCl","水":"H2O"}
>>> bDict.get("盐酸")                 #键存在，直接返回对应值
'HCl'
>>> equ=bDict.get("碳酸钙","CaCO3")    #键不存在时，返回默认值
>>> print(equ)
CaCO3
>>> bDict["碳酸钙"]                    #键不存在时报错
Traceback(most recent call last):
    File "<pyshell#3>",line 1,in <module>
        bDict["碳酸钙"]
KeyError:'碳酸钙'
```

（3）字典数据的更新和删除

由于字典的无序性，不能通过位置进行删除，只能通过查找键，从而删除对应的键值对，对象方法dict.pop(key[,default])就是通过键，先返回对应的值，然后将对应的键值对项移除。

```
>>> bDict.pop("水")         #返回对应的值
'H₂O'
>>> print(bDict)            #打印删除水和其分子式后的字典
{'盐酸':'HCl','氢氧化钠':'NaOH','氯化钠':'NaCl'}
```

前面采用直接对键值获取的方法，实现对键值对的更新（修改或增加），这里可以利用update()方法实现利用一个字典更新另一个字典，如果有键重复，则对原有的键值进行覆盖更新。

```
>>> bDict.update({"碳酸钙":"CaCO3","二氧化碳":"CO₂"})
>>> print(bDict)
{'盐酸':'HCl','氢氧化钠':'NaOH','氯化钠':'NaCl','碳酸钙':'CaCO₃','二氧化碳':'CO₂'}
```

（4）字典排序

字典是无序的数据，没有sort()方法。如果要对数据进行排序，可先将字典转为列表，然后可利用列表的方法sort()进行排序，并可设定排序关键字以及升序降序方式。例如：

```
>>> adic={'盐酸':'HCl','氢氧化钠':'NaOH','氯化钠':'NaCl','碳酸钙':'CaCO₃','二氧化碳':'CO₂'}
>>> alst=list(adic.items())
>>> alst.sort(key=lambda x:x[1],reverse=True)    #设定排序关键字为化学式
>>> alst
[('氢氧化钠','NaOH'),('氯化钠','NaCl'),('盐酸','HCl'),('碳酸钙','CaCO₃'),('二氧化碳','CO₂')]
```

（5）字典解析式

字典解析也需要一个大括号，并且要有两个表达式：一个生成key，一个生成value；两个表达式之间使用冒号分隔，返回结果是字典。例如：

```
>>> print({str(x):x for x in range(5)})
{'0':0,'1':1,'2':2,'3':3,'4':4}
```

等价于：

```
ret={}
for y in range(4):
    ret[str(y)]=y
```

【例4-9】 现将学生信息存放在一个字典中，学生学号为键，姓名为值。利用字典的遍历方法，实现输入学生学号，可搜索出其对应的名称；也可以实现输入一个姓名，将所有同名的同学学号全部输出。运行如图4-4所示。

```
输入待查找学号：101102
Number for 101102 is Mary:
输入姓名:Bob
No for Bob: 384121
```

图4-4 信息搜索结果

程序代码：

```
myContacts = {101101:"Fred" ,101102:"Mary",384121:"Bob", 221327:"Sarah" }
# 查找某学号是否在学生名单中
No=int(input("输入待查找学号："))
if No in myContacts :
    print("Number for {} is {}:".format(No, myContacts[No]))
else :
    print("It is not in my contact list.")
# 输入一个名字，查找出所有同名的学生学号
NoList=[]
Name=input("输入姓名:")
for no in myContacts:
    if myContacts[no] ==Name:
        NoList.append(no)
print("No for {}: ".format(Name), end="")
for n in NoList :
    print(n, end=" ")
print()
```

【例 4-10】 现已知某公司一月和三月的员工工资，并且三月还新增加了两个员工。现将这些工资信息存放在字典数据中，先需要统计每位员工这两个月的工资总数，并输出图4-5所示的报表。原始数据如下：

```
Feb={"Alice":3000,"Bob":3500,"Rose":3200}           #一月
Mar={"Alice":3400,"Bob":2500,"Rose":3300}           #三月
Mar_new={"Mike":3000,"Jack":4000}                   #三月新增员工工资
```

	Alice	Bob	Rose	Mike	Jack
一月工资	3000	3500	3200	0	0
三月工资	3400	2500	3300	3000	4000
工资总数	6400	6000	6500	3000	4000

图4-5 运行结果

程序代码：

```
Feb={"Alice":3000,"Bob":3500,"Rose":3200}
Mar={"Alice":3400,"Bob":2500,"Rose":3300}
Mar_new={"Mike":3000,"Jack":4000}
staff=Feb.copy()
Mar.update(Mar_new)
for i in Mar:
    if i not in Feb:
        staff[i]=Mar.get(i,0)
    else:
        staff[i]=staff[i]+Mar.get(i,0)
print("{:14}".format(" "),end="")
for name in staff:
    print("{:10}".format(name),end=" ")
print()
print("一月工资",end="")
```

```
for name in staff:
    print("{:10}".format(Feb.get(name,0)),end=" ")
print()
print("三月工资",end="")
for name in staff:
    print("{:10}".format(Mar.get(name,0)),end=" ")
print()
print("工资总数",end="")
for item in staff.items():
    print("{:10}".format(item[1]),end=" ")
```

4.3.2 集合

集合则更接近数学上集合的概念。可以通过集合判断数据的从属关系，有时也可以通过集合把数据结构中重复的元素减掉。集合（set）属于Python无序可变序列，使用一对大括号作为定界符，元素之间使用逗号分隔，同一个集合内的每个元素都是唯一的，元素之间不允许重复。

集合中只能包含数字、字符串、元组等不可变类型（或者说可哈希）的数据，而不能包含列表、字典、集合等可变类型的数据。

1. 集合的创建

用花括号括起一些元素，元素之间直接用逗号分隔，这就是集合。可以使用大括号{}或set()函数创建集合。例如：

```
>>> numbers={1,2,3,4,5,3,2,1,6}
>>> numbers
{1,2,3,4,5,6}              #set集合中输出的结果自动将重复数据清除了
```

注意：

创建一个空集合必须用 set() 而不是 {}，因为 {} 用来创建空字典。

集合是无序的，不能通过索引下标的方式从集合中取得某个元素。例如：

```
>>> numbers={1,2,3,4,5}
>>> numbers[2]
Traceback(most recent call last):
    File "<pyshell#6>",line 1,in <module>
        numbers[2]
TypeError:'set' object does not support indexing
```

创建集合还可用set(obj)方法将其他数据对象（字符串、列表或元组）转为集合类型。例如：

```
>>> a="abc"                #字符串转集合，生成去掉重复字符后的字符集合
>>> set(a)
{'c','b','a'}
>>> b=[1,1,3,2,4,2]        #列表转集合，可实现列表数据的去重
>>> set(b)
{1,2,3,4}
>>> c={'a':1,'b':2}        #字典转集合，只会将字典中的键生成集合
```

```
>>> set(c)
{'b','a'}
```

2. 集合的操作

集合中提供了一些集合运算符号,以及操作的对象方法,如添加、删除、是否存在等。集合运算和操作见表4-7。

表 4-7 集合对象的常用运算和方法

操作符或方法	描 述
S | T	并,返回一个新集合,包括在集合 S 和 T 中的所有元素
S.union(T)	
S – T	差,返回一个新集合,包括在集合 S 但不在 T 中的元素
S.difference(T)	
S & T	交,返回一个新集合,包括同时在集合 S 和 T 中的元素
S.intersection(T)	
S ^ T	补,返回一个新集合,包括集合 S 和 T 中的非相同元素
S.symmetric_difference(T)	
S <= T 或 S < T	返回 True/False,判断 S 和 T 的子集关系
S >= T 或 S > T	返回 True/False,判断 S 和 T 的包含关系
S.add(x)	如果 x 不在集合 S 中,将 x 增加到 S
S.update(S1)	将集合 S1 中所有元素添加到集合 S 中
S.discard(x)	移除 S 中元素 x,如果 x 不在集合 S 中,不报错
S.remove(x)	移除 S 中元素 x,如果 x 不在集合 S 中,产生 KeyError 异常
S.clear()	移除 S 中所有元素
S.pop()	随机删除并返回 S 的一个元素,若 S 为空产生 KeyError 异常
S.copy()	返回集合 S 的一个副本,浅拷贝
len(S)	返回集合 S 的元素个数
x in S	判断 S 中元素 x,x 在集合 S 中,返回 True,否则返回 False
x not in S	判断 S 中元素 x,x 不在集合 S 中,返回 True,否则返回 False
set(x)	将其他类型变量 x 转变为集合类型

(1)数据增加

在集合中,使用add()方法为集合添加元素。例如:

```
>>> numbers=set([1,2])
>>> print(f'numbers变量为:{numbers}')
numbers变量为:{1,2}
>>> numbers.add(3)
>>> print(f'增加元素后,numbers变量为:{numbers}')
增加元素后,numbers变量为:{1,2,3}
```

但要注意集合中数据必须为不可变数据,所以不能向集合添加列表对象,否则会报错。集合还提供了update()方法实现多个元素的追加,即将另一个集合中所有元素加入原集合,以实现集合的数据更新。如果其中存在重复元素,会自动进行去重操作。

```
>>> numbers.update({4,3,2,5})
>>> print(f'增加多个元素后,numbers变量为:{numbers}')
增加多个元素后,numbers变量为:{1,2,3,4,5}
```

（2）数据删除

集合对象实现数据的删除有多个函数，但用法各有不同。clear()方法用于删除集合所有元素，最后返回一个空集合。和del命令不一样，del是删除集合对象。

```
>>> numbers.clear()
>>> numbers
set()
```

集合对象方法pop()是无参函数，实现随机删除并返回集合中的一个元素，若集合为空产生KeyError异常；而remove(x)是指定元素，由于其无序性，因此指定待删除的元素值x，如果x不存在，则产生KeyError异常，因此一般会提前用in判断该元素是否存在，从而避免出现错误提示。对应的discard(x)也是删除指定元素，但不同点是，如果该元素不存在，不会报异常错误。

（3）集合的数学计算

由于集合中的元素不能出现多次，这使得集合在很大程度上能够高效地从列表或元组中删除重复值，并执行取并集、交集等常见的数学操作。Python 集合有一些让你能够执行这些数学运算的方法，还有一些给你等价结果的运算符。集合运算时并不会改变原来的集合数据，而是产生并返回一个新的集合数据。

比如运算符"|"表示dataScientist和dataEngineer的并集，是属于dataScientist或dataEngineer或同时属于二者元素的集合。可以使用union方法找出两个集合中所有唯一的值。代码如下：

```
>>> dataScientist=set(['Python','R','SQL','Git','Tableau','SAS'])
>>> dataEngineer=set(['Python','Java','Scale','Git','SQL','Hadoop'])
>>> dataScientist|dataEngineer            #运算符实现集合并集运算
{'Tableau','Git','SAS','Scale','Python','R','SQL','Hadoop','Java'}
>>> dataScientist.union(dataEngineer)     #对象方法实现集合并集运算
{'Tableau','Git','SAS','Scale','Python','R','SQL','Hadoop','Java'}
>>> dataScientist                         #原集合数据不改变
{'Tableau','Git','SAS','Python','R','SQL'}
>>> dataScientist|=dataEngineer
#等价于dataScientist|dataEngineer,操作的结果是赋值给dataScientist
>>> dataScientist
{'Tableau','Git','SAS','Scale','Python','R','SQL','Hadoop','Java'}
```

前面列表、元组都可以嵌套，也就是列表的元素可以是另一个列表，但集合中通常不能包含集合等可变的值，因为集合的元素必须为不可变元素。在这种情况下，可以使用一个不可变集合（frozenset）。

【例4-11】学生点名系统中现有某班级所有学生学号的集合stu1，采用随机函数生成已到学生学号，并存入到absent集合中，请利用集合的运算求出缺勤同学学号及缺勤人数，运行结果如图4-6所示。

```
点到学生为:
{'1106', '1102'}
缺勤学生学号为:
{'1103', '1101', '1104', '1105'}
缺勤人数为4
```

图4-6 集合应用运行案例结果

程序代码：
```
import random
stu_total=['1101','1102','1103','1104','1105','1106']
stu_pre=set()
num=random.randint(0,6)
for i in range(num):
    ind=random.randint(0,len(stu_total)-1)
    stu_pre.add(stu_total[ind])
print("点到学生为: ")
print(stu_pre)
print("缺勤学生学号为: ")
stu_absent=set(stu_total)-stu_pre
print(stu_absent)
print("缺勤人数为{}".format(len(stu_absent)))
```

4.4 综合应用

【例 4-12】某个公司采用公用电话传递数据，数据是四位整数，在传递过程中是加密的，加密规则如下：每位数字都加上5，然后用和除以10的余数代替该数字，再将第一位和第四位交换，第二位和第三位交换。请输出加密后的数据。

程序代码：
```
a=int(input("输入四个数字:"))
aa=[]
while(a):
    aa.append(a%10)
    a=a//10
aa.reverse()            #逆序列表
print(aa)
for i in range(4):
    aa[i]+=5
    aa[i]%=10
for i in range(2):      #前后交换
    aa[i],aa[3-i]=aa[3-i],aa[i]
for i in range(4):
    print(aa[i],end="")
```

运行结果如图4-7所示。

```
请输入一个四位数：1234
加密后的数为： 9876
>>>
```

图4-7 例4-12运行结果

【例 4-13】待排序列表arr=[6,3,8,2,9,1]，编写冒泡排序算法，并对这个列表进行升序排序。

问题分析：冒泡排序的逻辑依次比较相邻的两个数，如果逆序（和目标顺序相反），则交换两个数，这样每次可以把最大数放最后，或最小数放最前面。即在第一趟：首先比较第1个和第2个数，将小数放前，大数放后；然后比较第2个数和第3个数，将小数放前，大数放后，如此继续，直至比较最后两个数，将小数放前，大数放后，这样换到最后一个数必然是最大的一个。然后再从头开始冒次大的那个数，使倒数第2个数成为次大。如此重复,直至全部数组排序完成。冒泡排序的时间复杂度(平均)为$O(n^2)$,空间复杂度为$O(1)$,为稳定性排序算法。

程序代码:

```
arr=[6,3,8,2,9,1]
alen=len(arr)
temp=None
for i in range(alen):              #遍历数组
    for j in range(0,alen-1-i):    #每次遍历从0到(倒数第1,倒数第2,…)
        if arr[j]>arr[j+1]:#如果当前值大于后面的值,则替换,目的是把大的数向后交换
            temp=arr[j]
            arr[j]=arr[j+1]
            arr[j+1]=temp

print(arr)
```

【例4-14】利用线性搜索方法,查找随机序列中第一个大于某个限定值的元素位置。

问题分析:

这里需要对列表序列中的所有值都进行访问,直到找到符合条件的第一个元素,或者访问至列表结束。这种算法称为线性搜索。运行结果如图4-8所示。

```
搜索序列如下:
 117 543 429 852 151 732 657 230 340 276 929 805 431
 630 329 334 851 912 535 256 321 365 402 961  97 433
 163 417 760 397
Found at position: 1
```

图4-8 线性搜索运行结果

程序代码:

```
from random import *
limit=500
pos=0
found=False
values=[randint(1,1000) for i in range(30)]
print("搜索序列如下: ")
for i in values:
    print("{:4}".format(i),end="")
while pos<len(values) and not found :
    if values[pos]>limit :
        found=True
    else:
        pos=pos+1
if found:
    print("\nFound at position:", pos)
else:
    print("\nNot found")
```

【例4-15】键盘输入某毕业班各个同学就业的行业名称,行业名称之间用中文逗号间隔(按【Enter】键结束输入)。统计各行业就业的学生数量,按数量从高到低输出。运行结果如

图4-9所示。

```
请输入各同学就业的行业名称（以中文逗号间隔，按【Enter】键结束输入：
教育，公务员，IT企业，制造企业，咨询，教育，IT企业，咨询，服务业
教育:2
IT企业:2
咨询:2
公务员:1
制造企业:1
服务业:1
```

图4-9　例4-15运行结果

问题分析：

这里将输入的一个大字符串，利用split()函数将其分隔成多个元素（也就是各个同学就业的行业名称）存放在列表t中，然后通过遍历列表的所有元素，利用语句d[t[i]]=d.get(t[i],0)+1来统计各行业名称出现的次数，生成以行业名为键，出现次数为值的字典d。之后将字典d的items对象转为列表，根据值（出现次数）进行排序，最后输出排序结果。

程序代码：

```python
names=input("请输入各同学就业的行业名称（以中文逗号间隔，按【Enter】键结束输入）:\n")
t=names.split('，')
d={}
for i in range(len(t)):
    d[t[i]]=d.get(t[i],0)+1
ls=list(d.items())
ls.sort(key=lambda x:x[1],reverse=True)
for k in ls:
    zy,num=k[0],k[1]
    print("{}:{}".format(zy,num))
```

【例 4-16】 创建一个正弦三角函数曲线图，x值在-180°～180°，如图4-10所示。

问题分析：

这里利用列表计算并存储数据点，然后将列表传递给绘图函数以绘制两个三角函数的曲线，这里调用Matplotlib库来实现图形绘制，并利用相应函数实现对图形属性设置。

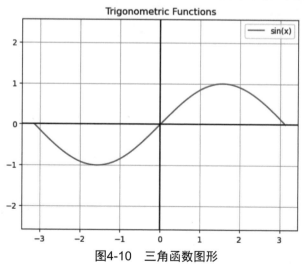

图4-10　三角函数图形

程序代码：

```python
from matplotlib import pyplot
from math import pi, sin, cos
sinY=[]
cosY=[]
trigX=[]
angle=-180
while angle<=180 :
    x=pi/180*angle
    trigX.append(x)
    y=sin(x)
    sinY.append(y)
    angle=angle+1
pyplot.plot(trigX,sinY)
# 添加描述信息
pyplot.title("Trigonometric Functions")
# 图形属性的设置
pyplot.legend(["sin(x)"])                #添加图例
pyplot.grid("on")
pyplot.axis("equal")                     #确保x轴和y轴的单位长度相等
pyplot.axhline(color="k")                #设置横轴的颜色为黑色
pyplot.axvline(color="k")                #设置纵轴的颜色为黑色
pyplot.show()
```

习 题

一、单选题

1. 执行下面操作后，list2 的值是（　　）。

```
list1=['a','b','c']
list2=list1
list1.append('de')
```

  A. ['a', 'b', 'c']   B. ['a', 'b', 'c', 'de']

  C. ['d', 'e', 'a', 'b', 'c']   D. ['a', 'b', 'c', 'd', 'e']

2. 已知 aList = [3, 4, 5, 6, 7, 9, 11, 13, 15, 17] 则 aList[1::2] 的结果为（　　）。

  A. [4, 6, 9, 13, 17]   B. [3, 4, 5, 6, 7]   C. [3, 4]   D. [3,6,11,17]

3. 下列关于元组的操作正确的是（　　）。

  A. 已知元组 a=(1,2,'a')，执行 max(a) 可得元组中最大值

  B. 创建只有一个元素的元组，可以表示为 tup=(1)

  C. 已知数据 a=[(1,2,3),(4,5,6)]，可执行 a[1][2]=7 实现数据的修改

  D. 已知 tup=('physics','chemistry',1997,2000)，则 tup[1][2] 获取的是 'e' 字符

4. 已知元组数据 tup=(" 合格 "," 良好 "," 优秀 ")，lst=[60,76,98,50]，则执行语句 list(zip(tup, lst)) 后结果为（　　）。

  A. [(' 合格 ', 60), (' 良好 ', 76), (' 优秀 ', 98)]   B. [' 合格 ', 60, ' 良好 ', 76, ' 优秀 ', 98]

C. (' 合格 ', 60), (' 良好 ', 76), (' 优秀 ', 98)   D. [(' 合格 ', 50), (' 良好 ', 76), (' 优秀 ',60)]

5. 执行下列代码后的结果为（　　）。

```
lst="abbbcdde"
dic={}
for i in lst:
    dic[i]=dic.get(i,0)+1
print(dic)
```

  A. {a: 1, b: 3, c: 1, d: 2, e: 1}
  B. {'a': 1, 'b': 2, 'c': 3, 'd': 4, 'e': 5}
  C. {'a': 1, 'b': 3, 'c': 1, 'd': 2, 'e': 1}
  D. {'a': 2, 'b': 2, 'c': 3, 'd': 1, 'e': 2}

6. 已知 dic={" 健康 ":20," 发烧 ":22," 咳嗽 ":12}，则 print(dic[" 乏力 "]) 的结果为（　　）。
  A. 输出 None   B. 报错 KeyError
  C. 输出 20   D. 输出 0

7. 以下不能创建一个字典的语句是（　　）。
  A. dict = {}   B. dict = {(4,5,6):'dictionary'}
  C. dict= {4:6}   D. dict = {[4,5,6]:'dictionary'}

8. 关于字典 d={'a':97,'b':98,'c':99,1:100} 中数据的删除描述正确的是（　　）。
  A. del d['a'] 是仅删除关键字 'a'
  B. del d 是删除所有键值对
  C. d.clear() 是删除所有键值对
  D. d.pop('a') 的返回值是 {'b': 98, 'c': 99, 1: 100}

9. 下列关于列表的描述正确的是（　　）。
  A. 列表是有序的可变数据，因此可以进行排序
  B. 列表和元组的操作函数完全一致
  C. 对列表 [(1,2),(3,4)] 遍历时，是遍历其中的每个数据
  D. 列表 [1,2,3,4]+[3,4,5] 运算会进行自动去重操作，得到结果为 [1,2,3,4,5]

10. 以下代码：

```
a_set=set('abcde')
a_set.remove('f')
```

执行结果为（　　）。
  A. 报错 KeyError   B. 删除掉 'f' 元素
  C. 什么也不做   D. 删除集合中所有元素

二、程序填空题（请在空白处补充完整程序代码，使其实现功能）

1. 程序功能：一个列表存放着某单位 6 名员工的信息（姓名、基本工资、奖金）。请找出基本工资与奖金差距最小的员工并输出。

【代码】

```
Ls=[['Holland',6000,2000],['Robbie',5500,3100],
    ['Watson',11000,5200],['Ronan',9000,2600],
```

```
        ['Lawrence',5000,2000],['Alex',12000,8000]]
min=abs(Ls[0][1]-Ls[0][2])
minIndex=0
for i in range(1,len(Ls)):
    if ___(1)___<min:
        min=abs(Ls[i][1]-Ls[i][2])
        ___(2)___
print("最小差距为{}的{}".format(Ls[minIndex][0],min))
```

2. 程序功能：生成包含1000个随机字符的字符串，统计每个字符的出现次数，并输出出现次数最多的前10个字符及次数。

【代码】

```
import string
import random
x=string.ascii_letters+string.digits+string.punctuation
y=[___(1)___  for i in range(1000)]
z=''.join(y)
d=dict()                    #使用字典保存每个字符出现次数
for ch in z:
    d[ch]=___(2)___
lst_d=list(d.items())
lst_d.sort(key=___(3)___,reverse=True)
for i in range(10):
    print(lst_d[i])
```

3. 某餐饮外卖平台用户的购物车模块中存储了一天内用户的购买菜品信息。现需统计各菜品的销售数量情况，并将其购买次数降序输出。

【代码】

```
cart={"1101":["水煮鱼","毛血旺"],
      "1102":["麻婆豆腐","清炒虾仁","水煮鱼"],
      "1103":["锅包肉","炒青菜"],
      "1104":["口水鸡","炒青菜"],
      "1105":["炒青菜","锅包肉","水煮鱼"],
      "1106":["麻婆豆腐","锅包肉","炒青菜"]}
sta={}
for key,values in ___(1)___:
    for i in values:
        sta[i]=___(2)___+1
sta_list=list(sta.items())
sta_list.sort(key=lambda x:x[1],___(3)___)
for item in sta_list:
    print("{}被购买{}次".format(___(4)___))
```

4. 程序功能：输入身份证号，判断身份证号是否合法。判断规则如下：

```
#将前面的身份证号码17位数分别乘以不同的系数
#从第一位到第十七位的系数分别为：7 9 10 5 8 4 2 1 6 3 7 9 10 5 8 4 2
#将这17位数字和系数相乘的结果相加
```

```
#用加出来和除以11,看余数是多少
#余数只可能有0 1 2 3 4 5 6 7 8 9 10这11个数字
#其分别对应的最后一位身份证的号码为1 0 X 9 8 7 6 5 4 3 2
#通过上面得知如果余数是2,就会在身份证的第18位数字上出现罗马数字X
#如果余数是10,身份证的最后一位号码就是2
```

【代码】

```
factor=(7,9,10,5,8,4,2,1,6,3,7,9,10,5,8,4,2)
last=("1","0","X","9","8","7","6","5","4","3","2")
while ___(1)___:
    id=input('请输入身份证号, 0则退出')
    if id=='0':
        ___(2)___
    if len(id)!=18:
        print('输入位数不对,请重新输入')
        continue
    else:
        sum=0
        for i in range(17):
            sum+=int(id[i])*factor[i]
        m=sum%11
        lastchar=id[-1]
        lastchar=lastchar.upper()
        if lastchar==___(3)___:
            print(id,'为合法身份证号码, ',end='')
            if int(id[-2])%2==0:
                print('为女性')
            else:
                print('为男性')
        ___(4)___
            print(id,'为非法号码')
```

三、编程题

1. 生成20个 [100,200] 的随机整数,将其中重复的数值删除。

2. 模拟歌手决赛现场最终成绩的计算过程。输入评委人数,然后每个评委评分为0~100之间,如果不是这个范围,请重新输入评分。最后去掉最高分,去掉最低分,求出该歌手的得分,运行结果如图 4-11 所示。

```
请输入评委人数:4
请输入第1个评委的分数:87
请输入第2个评委的分数:98
请输入第3个评委的分数:120
分数错误
请输入第3个评委的分数:76
请输入第4个评委的分数:95
去掉一个最高分98.0
去掉一个最低分76.0
最后得分91.0
```

图4-11 评委程序结果图

3. 已知奶茶店的种类和价格对应的字典数据，键值对格式："奶茶名：价格"。
{"原味冰奶茶":3,"香蕉冰奶茶":5,"草莓冰奶茶":5,"蒟蒻冰奶茶":7,"珍珠冰奶茶":7}
请设计一个程序实现奶茶的购买和计价功能。输入购买的奶茶名和数量，自动计算金额。可实现多次购买，并计算输出最后的总价，运行结果如图 4-12 所示。

```
0-----原味冰奶茶
1-----香蕉冰奶茶
2-----草莓冰奶茶
3-----蒟蒻冰奶茶
4-----珍珠冰奶茶
请输入奶茶名：原味冰奶茶
请输入购买数量：2
是否继续购买？1；是 2；否
(输入1或2)：1
请输入奶茶名：香蕉冰奶茶
请输入购买数量：1
是否继续购买？1；是 2；否
(输入1或2)：2
您共需要付11元
*******************************************
做一枚有态度、有思想的奶茶馆（傲娇脸）！
        祝您今日购物愉快！
            诚挚欢迎您再次光临！
*******************************************
```

图4-12　奶茶店运行结果图

第 5 章

函数和模块化编程

本章概要

本章主要讲解函数的定义、函数参数和参数传递、变量作用域、匿名函数和递归函数等内容。函数的使用可以使程序的逻辑更清晰、具有良好的可读性和可维护性。利用函数还可以方便地把每一个功能封装在一个函数中，实现模块化编程。Python的模块主要包括标准库、自定义模块和开源模块。本章最后还简单介绍了jieba库和Matplotlib库的基本使用。

学习目标

- 掌握函数的定义和调用方法。
- 理解函数的参数传递过程。
- 了解函数变量的作用域。
- 了解匿名函数lambda及其使用方法。
- 理解函数递归的定义和使用方法。
- 理解模块化编程思想。

函数（function）概念是17世纪德国数学家莱布尼茨（Leibniz）首先提出的，最初莱布尼茨用"函数"一词表示变量x的幂，如x^2，x^3，…，后来他又用函数表示在直角坐标系中曲线上一点的横坐标、纵坐标。1718年，莱布尼茨的学生、瑞士数学家贝努利把函数定义为"由某个变量及任意的一个常数结合而成的数量"。意思是凡变量x和常量构成的式子都称为x的函数，如$y=kx+b$就是函数。

在软件开发过程中，一个完整的程序可以看作一个整体，是为了完成某个特定的任务而设计的一组指令集合，但随着程序规模的增大，将语句简单地罗列起来，会使程序的复杂度过高而难以阅读和维护，而如果将功能上相对独立，并可能被反复执行的代码提炼出来，用一个名称来代替，不仅可以减少总的代码量，而且可以使整个程序的结构更具模块化，更易于阅读和维护，这种可重用的程序代码段在Python中称为函数。

Python中的函数可分为如下几类：内置函数（如len()、str()等，可直接使用）、标准库函数（如math、random等，可以通过import语句导入后使用）、第三方库函数（下载、安装后，通过import语句导入后使用）、用户自定义函数。本章所涉及的主要是用户自定义函数。

5.1 函数的定义和调用

函数是实现特定功能的代码块,使用函数具有如下优点:
① 实现结构化程序设计。通过把程序分割为不同的功能模块可以实现自顶向下的结构化设计。
② 减少程序的复杂度。简化程序的结构,提高程序的可阅读性。
③ 实现代码的复用。一次定义多次调用,实现代码的可重用性。
④ 提高代码的质量。分割后子任务的代码相对简单,易于开发、调试、修改和维护。
⑤ 协作开发:大型项目分割成不同的子任务后,团队多人可以分工合作,同时进行协作开发。
⑥ 实现特殊功能。例如递归函数就可以实现许多复杂的算法。

5.1.1 函数的定义

● 视频
函数的定义和调用

以函数$y=f(x)$为例,给定一个x,就有唯一的y可以求出来。例如,$y=4x+1$,当$x=2$时,$y=9$;当$x=5$时,$y=21$。而在编程语言中,函数就不再是一个表达式了,它是能实现特定功能的语句组,可以通过函数名表示和调用。

Python中,函数的定义使用def关键字,一般格式如下:

```
def 函数名(<参数列表>):
    函数体
    return <返回值列表>
```

说明:
① def 是 Python 的关键字,用来定义函数。
② 函数名是符合 Python 命名规则的任意有效标识符,函数名后面的括号和冒号必不可少。
③ 参数列表可以是 0 个、1 个或多个,调用该函数时用于接收传递给它的参数值,多个参数之间用逗号隔开。
④ 函数体是函数要实现的功能的程序语句组,相对于 def 需要有缩进。
⑤ return 为函数指定返回值,其中多条返回语句可被接收。如果没有 return 语句,则会自动返回 None。

【例 5-1】定义一个欢迎登录的界面函数。
程序代码:

```
def printmenu():          #欢迎登录界面的函数
    print("欢迎使用登录管理系统")
    print("="*20)
```

程序分析: 代码中的printmenu是函数名,括号里面是空,意思是这个函数是无参数的,函数体部分包含2行语句:print("欢迎使用登录管理系统")和print("="*20)。

说明: 函数名的命名规则与变量的命名规则一样,即只能由数字、字母和下划线构成,不能以数字开头,不能使用关键字,且尽量使用有意义的单词或单词组。

【例5-2】定义一个计算价格的函数。
程序代码：

```
def save_money(price,discount_price):    #计算优惠价的函数
    balance=price*discount_price
    return balance
```

程序分析：代码中的save_money是函数名，price和discount_price是两个参数。函数体部分执行的是balance = price* discount_price，最后函数返回的是balance的值。

Python支持函数的嵌套定义，即在一个函数体内可以包含另外一个函数的完整定义，定义在其他函数内的函数称为内部函数。

【例5-3】定义一个嵌套函数。
程序代码：

```
def fun1():
    def fun2():
        print("world")
    print("Hello")
```

程序分析：fun1函数中定义了一个函数fun2，fun2即为内部函数。

【例5-4】编写函数，计算斐波那契数列的第n项。

问题分析：斐波那契数列（Fibonacci sequence）又称黄金分割数列，因数学家莱昂纳多·斐波那契（Leonardoda Fibonacci）以兔子繁殖为例子而引入，故又称"兔子数列"，指的是这样一个数列：0、1、1、2、3、5、8、13、21、34、55、89、144、233、377、610、987、1597、2584……，这个数列第1项是0，第2项是第一个1，从第3项开始，每一项等于前两项之和。

程序代码：

```
def fib(n):
    a,b=0,1
    for i in range(n-1):
        a,b=b,a+b
    return a
```

5.1.2 函数的调用

函数调用就是执行函数，函数是一段实现具体功能的代码，通过函数名进行调用，函数调用时，括号中给出与函数定义时数量相同的参数，而且这些参数必须具有确定的值，这些值会被传递给预先定义好的函数进行处理。

Python程序中函数的使用要遵循先定义后调用的规则，所以将函数的定义放在程序的开头部分，函数的调用位于函数定义之后。

调用函数的基本格式如下：

函数名([实际参数列表])

例如：调用例5-1中已定义的printmenu ()函数，方法如下：

```
printmenu()
```

运行结果如图5-1所示。

图5-1 调用printmenu()函数运行结果

【例 5-5】利用例5-2中已定义的save_money()函数,输入价格,计算折扣后的实际应付价格。

程序代码:

```
price=float(input("输入价格: "))
discount_price=float(input("输入折扣额: "))
print("实际价格是: %.2f元"%save_money(price,discount_price))
```

运行结果如图5-2所示。

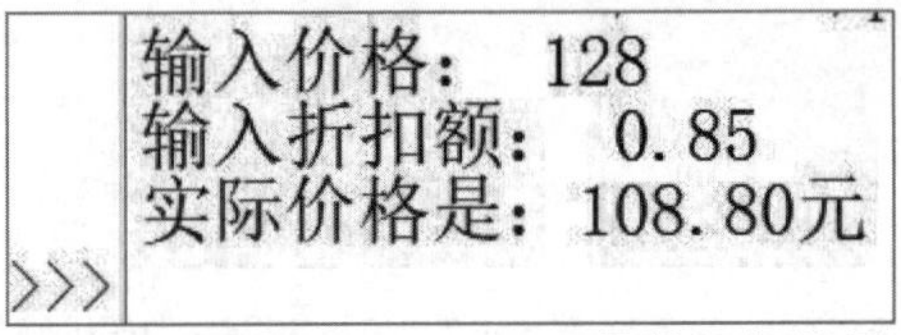

图5-2 调用save_money()函数运行结果

对于嵌套定义的函数,在定义和调用时同样也要遵循先定义后调用的规则,每个函数的调用都要出现在函数定义之后。

【例 5-6】利用例5-3中已定义的嵌套函数,调用并观察输出结果。

程序代码:

```
def fun1():
    def fun2():
        print("fun2函数...:world")
    print("fun1函数...:Hello")
    fun2()
fun1()
```

运行结果如图5-3所示。

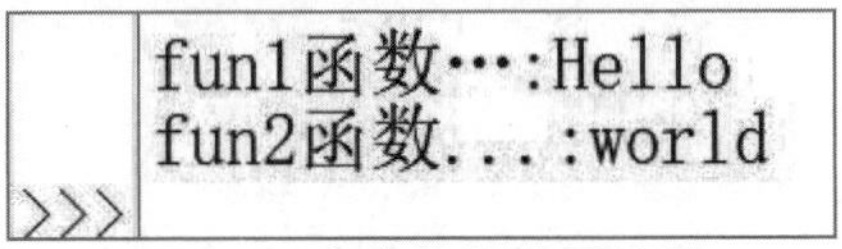

图5-3 嵌套函数调用结果

程序分析: 主程序中调用了函数fun1(),所以函数fun1()的定义出现在它之前;在函数fun1()中又定义了另一个函数fun2(),那么函数fun2()的调用也必须在它的定义之后。由于主程序中只定义了函数fun1(),所以也只能调用函数fun1(),在未调用函数fun1()之前,函数fun2()没有定义,不能调用函数fun2(),即内部函数不能被外部函数直接使用,因而以下写法是错误的。

```
def fun1():
    def fun2():
        print("fun2函数...:world")
    print("fun1函数...:Hello")
fun2()
fun1()
```

返回的错误信息如图5-4所示。

```
Traceback (most recent call last):
  File "C:/Users/pc/Desktop/book-code/t2.py", line 5, in <module>
    fun2()
NameError: name 'fun2' is not defined
>>>
```

图5-4　执行出错信息提示

【例 5-7】利用例5-4中已定义的求斐波那契数列函数，从键盘输入一个整型数值n，计算并输出斐波那契数列的前n项值。

程序代码：

```
def fib(n):
    a,b=0,1
    for i in range(n-1):
        a,b=b,a+b
    return a
n=int(input("输入n:"))
for i in range(1,n+1):
    print(fib(i),end=" ")
```

```
输入n: 10
0 1 1 2 3 5 8 13 21 34
>>>
```

图5-5　斐波那契数列函数运行结果

运行结果如图5-5所示。

【例 5-8】定义判断闰年的函数并输入年份，验证结果。

问题分析：闰年是历法中的名词，是为了弥补因人为历法规定造成的年度天数与地球实际公转周期的时间差而设立的。补上时间差的年份为闰年，分为普通闰年和世纪闰年。闰年共有366天（1月~12月分别为31天、29天、31天、30天、31天、30天、31天、31天、30天、31天、30天、31天）。通常判断某年是否为闰年，有以下两种情况。

- 能被400整除（世纪闰年）；
- 能被4整除但不能被100整除（普通闰年）；

程序中首先定义一个判断闰年的函数，然后输入一个年份，如果是闰年，返回True否则返回False。

程序代码：

```
def leap_year(year):
    if year%4==0:
        if year%100==0:
            if year%400==0:
                print('{}年是闰年'.format(year))
            else:
                print('{}年不是闰年'.format(year))
        else:
            print('{}年是闰年'.format(year))
    else:
        print('{}年不是闰年'.format(year))
y=int(input('请输入年份：'))
leap_year(y)
```

```
请输入年份：2020
2020年是闰年
>>>
```

图5-6　闰年判断的函

运行结果如图5-6所示。

判断闰年的函数也可以用双分支，不使用嵌套的方式实现。代码如下：

```
def leap_year(year):
    if((year%4==0) and (year%100!=0)) or (year%400==0):
```

```
        print("{}年是闰年".format(year))
    else:
        print("{}年不是闰年".format(year))
```

5.1.3 函数的形参和实参

在用def关键字定义函数时，函数名后面括号中的变量称为形式参数，简称形参；在函数调用时提供的值或者变量称为实际参数，简称实参。一般而言，函数的形式参数接收实际参数值的过程称为参数传递。形式参数在函数定义时可以没有值或设置默认值，但函数调用时使用的实际参数必须有具体的值，这个值将会传递给函数定义中的形式参数。

【例 5-9】函数参数应用示例。

程序代码：

```
def add(x,y):
    sum=x+y
    print("sum:%d"%sum)
add(12,8)
```

程序分析： add()函数定义时要求两个形式参数x和y，那么调用这个函数时也按顺序给出两个值12和8，在调用函数时，将按照顺序将12和8分别传递给函数定义中的两个参数x和y，计算出两个数的和，然后输出。

【例 5-10】从键盘输入一个整数，然后定义一个计算整数阶乘的函数，最后调用函数并输出计算结果。

程序代码：

```
def fact(n):
    result=1
    for i in range(2,n+1):
        result=result*i
    return result
number=int(input())
print(fact(number))
```

程序分析： fact()函数定义中的参数n是形参，函数调用中的参数number是实参，具体值由输入语句number = int(input()) 指定，执行调用函数语句后，将输入的数值传递给n，然后执行函数fact()中的语句体，计算后得到的结果由return语句返回，并利用输出语句print(fact(number))输出最终的计算结果。

注： Python的math库中也提供了一个计算阶乘的factorial()函数。

5.1.4 默认参数和不定长参数

函数的默认参数就是缺省参数，即当调用函数时，如果没有为某些形参传递对应的实参，则这些形参会自动使用默认参数值，默认参数主要作用是简化函数调用，提高函数的灵活性和可读性。

Python 定义带有默认值参数的函数，其语法格式如下：

```
def 函数名(…,形参名,形参名=默认值):
    代码块
```

在定义带有默认值参数的函数时，默认值参数必须出现在函数形参列表的最后，任何一个默认值参数右边都不能再出现非默认值参数，即必选参数在前，默认参数在后。

【例 5-11】 函数参数应用示例1。

程序代码：

```
def StudentInfo(name,sex="男"):        #参数sex的默认参数值为"男"
    print("姓名：%s,性别:%s"%(name,sex))
StudentInfo("汪峰")          #这里没有给sex传实参值，但因为有默认参数，所以不会出错
StudentInfo("王娜","女")   #给sex传了实参，则不再使用默认参数
```

运行结果如图5-7所示。

```
姓名：汪峰,性别:男
姓名：王娜,性别:女
>>>
```

图5-7　函数参数应用示例1运行结果

一般情况下在定义函数时，函数参数的个数是确定的，然而某些情况下是不能确定参数个数的，如果需要一个函数能处理比当初声明时更多的参数，这些参数就称为不定长参数，描述方式是在参数前面加上"*"或者"**"。

【例 5-12】 函数参数应用示例2。

程序代码：

```
def fun(x,y,*args):
    print(x)
    print(y)
    print(args)
print(fun(1,2,3,4,5))
```

运行结果如图5-8所示。

```
1
2
(3, 4, 5)
None
>>>
```

图5-8　函数参数应用示例2运行结果

程序分析：执行程序代码，1和2分别赋值给x、y，剩下的参数以元组的形式赋值给args。

【例 5-13】 函数参数应用示例3。

程序代码：

```
def fun(x,y,*args,**kwargs):
    print(x)
    print(y)
    print(args)
    print(kwargs)
print(fun(1,2,3,4,5,name="Alice",score=96))
```

运行结果如图5-9所示。

```
1
2
(3, 4, 5)
{'name': 'Alice', 'score': 96}
None
>>>
```

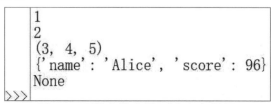

图5-9　函数参数应用示例3运行结果

程序分析：执行时，1和2分别赋值给x、y，而3、4、5以元组的形式赋值给args，其余参数则以字典的形式赋值给kwargs。

5.1.5　位置参数和关键字参数

位置参数是指在调用函数时根据函数定义的参数位置来传递参数，在Python中，实参默认

采用位置参数的形式传递给函数，即调用函数时输入的实际参数的数量和位置都必须和定义函数时保持一致。

【例 5-14】 函数参数应用示例4。

程序代码：

```
def division(num1,num2):   #计算两数之商
    print(num1/num2)
division(8,2)
```

程序分析：

程序代码定义了一个计算两数之商的函数division()，然后调用这个函数。在调用division()函数时传入实际参数8和2，根据实际参数和形式参数的位置关系，8被传递给形式参数num1，2被传递给形式参数num2。

如果在调用函数时，指定的实际参数的数量和形式参数的数量不一致，Python解释器会抛出TypeError异常，并提示缺少必要的位置参数。

例如，如果调用函数division()的代码修改为：

```
division(8)
```

则执行结果出错，返回的错误信息如图5-10所示。

```
TypeError: division() missing 1 required positional argument: 'num2'
>>>
```

图5-10　执行出错信息提示

通过TypeError异常信息可以知道，division()函数需要2个参数，但缺少一个num2参数。

使用位置参数传值时，如果函数中存在多个参数，记住每个参数的位置及其含义并不是一件容易的事，此时可以使用关键字参数进行传递。关键字参数传递是通过"形式参数=实际参数"的格式将实参与形参相关联，是根据形式参数的名称进行参数传递的。

【例 5-15】 函数参数应用示例5。

程序代码：

```
def test(name,score):
    print('姓名：{},成绩:{}'.format(name,score))
test('Alice',score=95)
```

运行结果：

```
姓名：Alice,成绩:95
```

程序分析：在使用关键字参数调用函数时，实参的传递顺序可以与形参列表中形参的顺序不一致，因为Python解释器能够用参数名匹配参数值，这样当一个函数的很多参数都有默认值，而我们只想对其中一小部分带默认值的参数传递实参时，就可以直接通过关键字参数的方式进行实参传递，而不必考虑这些带默认值的参数在形参列表中的实际位置。

例如，上例中的test()函数的调用语句也可以修改为：

```
test(score=95,name='Alice')
```

执行后结果是一样的。

5.1.6 函数的返回值

Python中，用 def 语句创建函数时，可以用 return 语句指定需要返回的值，该返回值可以是任意类型。

```
return 返回值
```

return 语句的作用是结束函数调用，将return后面返回值作为函数的输出，如果一个函数没有return语句，返回值是None。

【例 5-16】 定义一个求圆面积的函数并调用验证其结果。

程序代码：

```
import math
def CalCircleArea(r):
    return math.pi*r*r
r1=float(input("input radius:"))
print("%.2f"%CalCircleArea(r1))
```

运行结果：

```
input radius:3
28.27
```

函数中可以同时包含多个return语句，但只要有一个得到执行，就会直接结束函数的运行。

【例 5-17】 编写函数，比较两个整数的大小并输出大数。

程序代码：

```
def max_ex(x,y):
    if x>y:
        return x
    elif x<y:
        return y
    else:
        return 'equal'
print(max_ex(28,56))
```

程序分析：程序执行时，28和56分别传给变量x和y，因为28<56，执行语句return y，返回56，函数结束，转去直接执行print(max_ex(28,56))，输出结果56。

如果想利用函数将多个值从函数返回，可以采用如下方式：

```
def fmod(x,y):
    a=x//y
    b=x%y
    return a,b
print(fmod(28,5))
```

从形式上看，函数fmod()返回了两个值，但实际上，这两个值是以元组的形式返回的，而元组可以看作一个对象。

函数的值只能返回一次，也就是说在一个函数中，return语句可以有多条，但只有一条能被执行到，一旦某个return语句被执行后，其后的所有语句都不再执行，直接终止函数的调用，将这个return后面的值返回给调用函数处。一般来说，多个return需要与分支语句if组合使用，如前面比较两个整数大小的函数。

5.1.7 函数变量的作用域

变量的作用域是指程序中可操作该变量的范围，即定义一个变量后，在哪些地方可以使用该变量。在不同位置定义的变量，它的作用域是不一样的，按作用域的不同可以分为局部变量和全局变量。

1. 局部变量（local variable）

在一个函数中定义的变量就是局部变量（包括形参），它的作用域仅限于函数内部，在函数之外就不能使用了。

【例 5-18】函数局部变量应用示例。

程序代码：

```
def demo():
    x=100
    print("demo函数内部: x=",x)
demo()
print("demo函数外部 x=",x)
```

运行结果如图5-11所示。

```
demo函数内部: x= 100
Traceback (most recent call last):
  File "C:/Users/pc/Desktop/book-code/5_局部变量.py", line 5, in <module>
    print("demo函数外部 x=",x)
NameError: name 'x' is not defined
>>>
```

图5-11 执行出错信息提示

程序分析：从图5-11所示的输出结果可以看出，如果试图在函数demo外部访问在其内部定义的变量x，Python解释器会报错，错误类型是NameError，提示没有定义要访问的变量。这是因为在函数内部定义的变量，都会存储在一块分配的临时存储空间，而在函数执行完毕后，这块临时存储空间随即会被释放并回收，该空间中存储的变量也就无法再被使用。

2. 全局变量（global variable）

在所有函数外定义的变量是全局变量，通常在程序开始时定义，可以从代码中的任何地方访问。全局变量在运行过程中会一直存在，并一直占用内存空间。

【例 5-19】函数局部变量和全局变量综合应用示例1。

程序代码：

```
def demo():
    x=100
    print("demo函数内部: x=",x)
x=200
demo()
print("demo函数外部:x=",x)
```

程序分析：

在上述代码中，第4行，在demo函数外定义了一个全局变量x并将其赋值为200，第2行，在demo函数中定义了一个局部变量x并将其值赋值为100，而不是修改全局变量x的值。

运行结果如图5-12所示。

无论是局部变量,还是全局变量,都需要使用标识符命名,如果重名,依然是不同的两个对象,分配的内存地址也是不同的。

```
demo函数内部:x= 100
demo函数外部:x= 200
```

图5-12　变量应用示例1运行结果

【例5-20】函数局部变量和全局变量综合应用示例2。

程序代码:

```
def demo():
    x=100
    print("demo函数内部,局部变量x的内存地址:{}".format(id(x)))
    print("demo函数内部,局部变量x的值:{}".format(x))
x=200
demo()
print("demo函数外部,全局变量x的内存地址:{}".format(id(x)))
print("demo函数外部,全局变量x的值:{}".format(x))
```

运行结果:

```
demo函数内部,局部变量x的内存地址:1524004976
demo函数内部,局部变量x的值:100
demo函数外部,全局变量x的内存地址:1524008176
demo函数外部,全局变量x的值:200
```

程序分析:

代码中,局部变量x和全局变量x的名字相同,但内存地址不同,因而是两个不同的对象。变量必须在其作用范围内使用,如果想要在函数内部使用全局变量的值,则需要使用global关键字。例如:

```
def demo():
    global x
    print("函数内部使用全局变量x的值:{}".format(x))
x=500
demo()
```

运行结果:

```
函数内部使用全局变量x的值:500
```

5.2　匿名函数和递归函数

5.2.1　匿名函数

匿名函数是一种不使用def定义的函数形式,其作用是能快速定义一个简短的函数,适用于处理一些简单的操作,可以减少代码量,使代码更简洁易读。在Python中,使用lambda关键字创建匿名函数,一般格式如下:

```
lambda 参数列表:表达式
```

相当于函数定义:

```
def fun(参数列表):
```

视频●
匿名函数和
递归函数

```
    return 表达式
```

需要注意的是lambda表达式不需要return来返回值，表达式本身的计算结果就是函数的返回值。使用lambda函数可以省去函数的定义，即不需要先声明一个函数后再使用，可以在写函数的同时直接使用函数。例如：

```
fun=lambda x,y,z:x+y+z
print(fun(2,3,4))    #输出9
```

当然，上述匿名函数也可以改写成以下普通函数形式：

```
def fun(x,y,z):
    sum=x+y+z
    return sum
print(fun(2,3,4))
```

lambda的设计是为了满足简单函数的场景，lambda是单个的表达式，不是一个代码块，仅能封装有限的逻辑，当需要做一些简单的重复操作时，可以使用lambda匿名函数来处理；而当需要处理一些比较复杂的问题时，还是需要使用def来定义函数，且def定义的函数也更方便代码的复用。

5.2.2 递归函数

递归函数是指在一个函数内部通过调用本身来求解一个问题。在进行问题分解时，如果发现分解之后待解决的子问题与原问题有着相同的特性和解法，只是在问题规模上与原问题相比有所减少，此时就可以设计递归函数进行求解。

递归的过程可以分为两个阶段：回推和递推。回推就是根据所要求解的问题找到最基本的问题解，这个过程需要系统栈保存临时变量的值；递推是根据最基本问题的解得到所求问题的解，这个过程是逐步释放栈的空间，直到得到问题的解。

【例5-21】利用递归函数计算整数n的阶乘。

问题分析：

计算$n!$的递归公式为：

$$f(n)=\begin{cases}1 & n=0,1 \\ n \cdot f(n-1) & n>1\end{cases}$$

当$n>1$时，求$n!$的问题可以转化为$n*(n-1)!$的新问题。

比如，假设$n=5$，回推过程可以描述如下：

第1部分： 5*4*3*2*1 $n*(n-1)!$

第2部分： 4*3*2*1 $(n-1)*(n-2)!$

第3部分： 3*2*1 $(n-2)*(n-3)!$

第4部分： 2*1 $(n-3)*(n-4)!$

第5部分： 1 $(n-4)*(n-5)!$

根据这个最基本的已知条件，可以得到2!、3!、4!、5!，这个过程就是递推，可以看出，回推的过程是将一个复杂的问题变为一个简单的问题，递推的过程是由简单的问题得到复杂问题解的过程。

程序代码：

```
def factorial(n):
    if(n==1):
```

```
            return 1          #递归终止的条件
        else:
            return(factorial(n-1)*n)
print(factorial(6))            #输出720
```

每个递归函数必须包括以下两个主要部分。

① 程序结束条件：用于结束程序，返回函数值，不再进行递归调用。例如，求n阶乘问题的结束条件就是n=1。

② 递归过程：每次进入更深一层递归时，问题规模相比上次递归都应有所减少，相邻两次重复之间有紧密的联系，通常前一次的输出就作为后一次的输入。

【例5-22】改写例5-7，编写递归函数实现斐波那契数列问题。

程序代码：

```
def fib(n):
    if n==0:
        return 0
    elif n==1:
        return 1
    else:
        return fib(n-1)+ fib(n-2)
for i in range(10):
    print(fib(i),end=" ")
```

【例5-23】编写递归函数，计算2个整数的最大公约数。

问题分析：最大公约数又称最大公因数、最大公因子，是指两个或多个整数共有约数中最大的一个。求最大公约数有多种方法，常见的有欧几里得算法、质因数分解法、短除法、更相减损法等。而用于计算最大公约数问题的递归方法就是欧几里得算法，其描述如下：

如果$a>b$，则a和b的最大公约数等于b和$a\%b$的最大公约数。

因此可以使用递归函数实现问题的求解，具体过程如下：

结束条件：find_max_common_divisor(a,b)=a

递归过程：find_max_common_divisor(b,a%b)

每次递归，$a\%b$严格递减，所以逐渐收敛于0。

程序代码：

```
def com_divisor(a,b):
    if a<b:
        a,b=b,a
    if a%b!=0:
        a,b=b,a%b
        return com_divisor(a,b)
    else:
        return b
print("最大公约数: ",com_divisor(319,377))
```

运行结果：

最大公约数: 29

【例5-24】编程完成快速排序算法。

问题分析：快速排序是一种分而治之思想在排序算法上的典型应用。本质上来看，快速排序是在冒泡排序基础上的递归分治法，是通过多次比较和交换实现排序，其排序过程如下：

① 首先设定一个分界值，通过该分界值将所有数据分成左右两部分。

② 将大于或等于分界值的数据集中到数列右边，小于分界值的数据集中到数列的左边。此时，左边部分中各元素都小于或等于分界值，而右边部分中各元素都大于或等于分界值。

③ 左边和右边的数据进行独立排序。对于左侧的所有数据，又可以取一个分界值，将该部分数据分成左右两部分，同样在左边放置较小值，右边放置较大值。右侧的数据也同样做类似处理。

④ 重复上述过程，可以看出，这是一个递归定义。通过递归将左侧部分排好序后，再递归排好右侧部分的顺序。当左、右两个部分的数据排序完成后，整个数列的排序也就完成了。

程序代码：

```
import random
def quick_sort(array):
    if len(array)<=1:
        return array
    #划分成两部分(左边部分都比右边部分小)
    idx=random.randint(0,len(array)-1)
    key=array[idx]              #用一个数作为划分的标准
    left=[n for n in array if n <=key]
    right=[n for n in array if n>key]
    left=quick_sort(left)       #左边部分递归
    right=quick_sort(right)     #右边部分递归
    return left+right           #连接左右两部分
num=int(input("输入个数: "))
arraylist=[]
for i in range(num):
    n=random.randint(1,100)
    arraylist.append(n)
print("原数: ",arraylist)
array=quick_sort(arraylist)
print("排序: ",array)
```

运行结果：

```
输入个数: 10
原数: [6,63,68,35,58,65,34,8,57,88]
排序: [6,8,34,35,57,58,63,65,68,88]
```

注意：由于随机函数每次产生的数据不同，所以运行结果会有不同。

递归函数在使用时必须保证整个内存和运算消耗控制在一定范围内，因为递归会有栈的内存分配，这是一种资源的消耗，递归层次过多会导致栈的溢出。所以一般在递归函数中需要设置终止条件。sys模块中，函数getrecursionlimit()和setrecursionlimit()用于获取和设置最大递归次数。例如：

```
>>> import sys
>>> sys.getrecursionlimit()         #获取默认最大递归深度
>>> sys.setrecursionlimit(200)      #设置最大递归深度200
```

5.3 模块化编程

模块化编程是指在设计较复杂的程序时，先按照功能划分为若干小程序模块，每个小程序模块完成一个确定的子功能，并在这些模块之间建立必要的联系，以功能块为单位进行程序设计，实现其求解算法的方法，即通过模块的互相协作完成整个功能的程序设计方法。模块化的目的是降低程序复杂度，使程序设计、调试和维护等操作简单化。通过定义函数的形式将功能封装起来，就可以实现程序设计的模块化。

Python语言具有庞大的计算生态，编程时可以尽量利用开源代码和第三方库作为程序的部分或全部模块，像搭积木一样编写程序。模块本质上就是.py结尾的Python文件，例如文件名test.py对应的模块名就是test。Python本身内置了很多非常有用的模块，只要安装完成后，这些模块就可以使用了。

Python的模块主要包括标准库、自定义模块、开源模块。

5.3.1 标准库

Python中内置了大量的标准库，如time库（提供了各种与时间相关的函数）、random模块（可以用于生成随机数）、OS模块（提供了多数操作系统的功能接口函数）、math库（提供了许多数学运算函数）、Tkinter库（Python默认的图形界面接口）等。标准库是随Python安装包一起发布的，用户不需要安装就可以随时使用。在使用某个模块中的函数时，遵循先导入，后使用的规则。在Python中用关键字import导入某个模块。例如：

```
>>> import random                #导入random库
>>> print(random.randint(1,10))  #产生1～10之间的一个随机整数
```

5.3.2 自定义模块

用户根据问题需求自己定义的函数，如果需要经常调用时，就可以定义一个模块，将常用的函数写入模块中，下次使用时直接导入模块就可以使用了。

把计算任务分离成不同模块的程序设计方法称为模块化编程，使用模块可以将计算任务分解成大小合理的子任务，并实现代码的重用功能。

【例5-25】定义一个计算球体体积的函数。

程序代码：

```
import math
def volume_c(r):
    v=4/3*math.pi*r**3
    return v
if __name__=='__main__':
    r=float(input("r:"))
    print(volume_c(r))
```

利用该函数，作为自定义的模块，保存成s.py文件，这样就可以被其他程序所调用。

```
#sa.py
import s
print(s.volume_c(3))
```

程序分析：

当s.py直接运行时，它的__name__属性为__main__会执行分支语句中的输入和输出部分，当s.py作为模块的角色被导入到文件sa.py中时，它的__name__属性为模块名，此时不执行if分支语句中的输入和输出部分。用这样的方法编写程序，可以使自己的程序方便地被其他程序作

为模块导入。

【例 5-26】创建模块ex1.py，在模块中简单定义了算术加减运算。

程序代码：

```
def menu():
    print("===简单加减运算===")
def add(x,y):
    return x+y
def sub(x,y):
    return x-y
if __name__=='__main__':   #如果独立运行时，则执行测试代码
    menu()
    print("25+46=",add(25,46))
print("25-46=",sub(25,46))
```

创建文件ex2.py，调用上述 ex1模块。

```
import ex1
ex1.menu()
print(ex1.add(156,70))
print(ex1.sub(156,70))
```

在解决比较复杂问题时，把复杂问题分解成单独模块进行开发设计是必不可少的，一般来说，模块化设计应该遵循以下几个主要原则：

① 模块之间的黏合性要小，与其他模块的联系尽可能简单，每个模块具有各自的相对独立性。

② 模块的规模要恰当，不能太大，也不能太小，既要兼顾可读性，也要注意控制编程的复杂度。

③ 在进行多层次任务分解时，需注意对问题进行抽象化。采用逐级递进、逐步细化的方式进行。

5.3.3 开源模块

Python的一大优势就是有丰富且方便使用的第三方库，即开源模块。例如，Pillow库（Python图形库）、NumPy库（存储和处理大型矩阵）、BeautifulSoup库（xml和html的解析库）等。第三方库是由全球开发者开发和维护的，应用领域覆盖信息技术的大部分领域，使用之前需要先安装。在Python中，无论是Windows、Linux还是Mac，都可以通过pip包管理工具安装第三方库。

1. jieba库

jieba是一个用Python开发的分词库，对中文有着很强大的分词能力，在自然语言处理中表现得比较高效，同时，jieba还支持繁体分词和自定义分词。

可以通过pip安装jieba库，格式如下：

```
pip install jeba
```

（1）jieba的三种模式

jieba拥有三种分词模式，分别是精确模式、全模式和搜索引擎模式，能够满足很多中文自然语言处理的分词需求。

① 精确模式：试图把句子最精确地切开，不存在冗余单词，适合文本分析。

② 全模式：把句子中所有可以成词的词语都扫描出来，速度非常快，但是有冗余，不能处理歧义。

③ 搜索引擎模式：在精确模式的基础上，对长词再次切分，提高召回率，适用于搜索引擎分词。

（2）jieba库常用函数

jieba库常用函数见表5-1。

表 5-1　jieba 库常用函数

函　　数	描　　述
jieba.cut(s)	精确模式，返回一个可迭代的数据类型
jieba.cut(s,cut_all = True)	全模式，输出文本 s 中所有可能单词
jieba.cut_for_search(s)	搜索引擎模式，适合搜索引擎建立索引的分词结果
jieba.lcut(s)	精确模式，返回一个列表类型
jieba.lcut(s,cut_all = True)	全模式，返回一个列表类型
jieba.lcut_for_search(s)	搜索引擎模式，返回一个列表类型
jieba.add_word(w)	向分词词典中增加新词 w

例如：

```
>>> import jieba
#精确模式
>>> jieba.lcut('机器学习是研究怎样使用计算机模拟或实现人类学习活动的科学')
#全模式
>>> jieba.lcut('机器学习是研究怎样使用计算机模拟或实现人类学习活动的科学',cut_all=True)
#搜索引擎模式
>>> jieba.lcut_for_search('机器学习是研究怎样使用计算机模拟或实现人类学习活动的科学')
```

运行结果见表5-2。

表 5-2　程序执行结果

精 确 模 式	全 模 式	搜索引擎模式
['机器', '学习', '是', '研究', '怎样', '使用', '计算机', '模拟', '或', '实现', '人类', '学习', '活动', '的', '科学']	['机器', '学习', '是', '研究', '怎样', '使用', '用计', '计算', '计算机', '算机', '模拟', '或', '实现', '人类', '人类学', '学习', '活动', '的', '科学']	['机器', '学习', '是', '研究', '怎样', '使用', '计算', '算机', '计算机', '模拟', '或', '实现', '人类', '学习', '活动', '的', '科学']

使用jieba库对中文文档进行分析统计的过程通常包含以下几个主要步骤：
① 加载要分析的文本，分析文本内容。
② 对数据进行筛选和处理。
③ 创建列表显示和排序，统计分析并输出结果。

【例5-27】 编写程序，统计一个文件（假设文件名为1.txt）中出现次数最多的前5个词语。

程序代码：

```python
import jieba
with open("1.txt",encoding='utf-8') as f:
    content=f.read()
words=jieba.lcut(content)         #使用精确模式对文本进行分词
counts={ }                        #存储词语及其出现的次数
for word in words:
    if len(word)==1:              #单个词语不计算在内
        continue
    else:
        counts[word]=counts.get(word,0)+1   #遍历所有词语，每出现一次其对应的值加1
items=list(counts.items())        #将键值对转换成列表
items.sort(key=lambda x:x[1],reverse=True)  #根据词语出现的次数进行从大到小排序
for i in range(5):
    word,count=items[i]
    print("{0:<10}{1:>6}".format(word,count))
```

2. Matplotlib库

在各个领域经常用各种数值类指标描述数据的整体状态，为了更形象地描述数据的意义，经常用绘图的方法对数据中的信息进行直观呈现。Matplotlib就是一个应用十分广泛的、高质量的Python 2D绘图库，它能让用户轻松地将数据图形化，并且提供多样化的输出格式。Matplotlib使用前首先要安装，成功安装后用import导入即可使用。

如果想利用Matplotlib绘制简单曲线图，需要导入Matplotlib库中绘制曲线库的子库pyplot，一般起别名为plt，语法格式如下：

```python
import matplotlib.pyplot as plt
```

绘制曲线的关键函数有两个：一个函数是plot(x,y)，作用是根据坐标x，y值绘图；另一个函数是show()，作用是将缓冲区的绘制结果在屏幕上显示出来。

例如，绘制通过点(1,1)、(2,2)、(3,3)的直线，程序代码如下：

```python
import matplotlib.pyplot as plt    #调用绘图库matplotlib中的pyplot子库，并起别名为plt
x=[1,2,3]                                   #构建x坐标的列表
y=[1,2,3]                                   #构建y坐标的列表
#画直线，设置颜色，线条宽度，线条风格
plt.plot(x,y,color="red",linewidth=2.5,linestyle="--")
plt.title("绘制直线",fontproperties="SimHei")   #设置标题，设置中文字体
plt.xlabel(u'x 轴',fontproperties='SimHei')#增加x轴标签
plt.ylabel(u'y 轴',fontproperties='SimHei')#增加y轴标签
plt.show()                                  #显示创建的绘图对象
```

执行后结果如图5-13所示。

第5章 函数和模块化编程

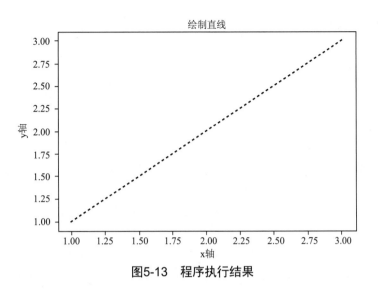

图5-13 程序执行结果

5.4 综合应用

【例 5-28】构建一个简易的学生成绩录入系统。实现学生成绩信息的录入和显示。执行结果如图5-14所示。

```
请输入密码: 123
密码错误, 请重新输入
请输入密码: 123abc
密码正确, 登录成功!
1 录入学生信息
2 显示所有学生信息
0 退出系统

请选择: 1
请输入ID（如 1001）: 1001
请输入名字: 张三
请输入英语成绩: 98
请输入Python成绩: 87
请输入C语言成绩: 89
是否继续添加？（y/n）:y
请输入ID（如 1001）: 1002
请输入名字: 李红
请输入英语成绩: 99
请输入Python成绩: 87
请输入C语言成绩: 90
是否继续添加？（y/n）:n
学生信息录入完毕！！！
1 录入学生信息
2 显示所有学生信息
0 退出系统

请选择: 2
   ID      名字      英语成绩       Python成绩        C语言成绩
  1001     张三        98             87              89
  1002     李红        99             87              90
1 录入学生信息
2 显示所有学生信息
0 退出系统

请选择: 0
您已退出学生成绩录入系统！
```

图5-14 学生成绩录入系统

问题分析：

这里将问题划分成了四个子模块（自定义函数）：

input_pass(pwd)：完成密码的验证。假设密码是123abc，如果输入错则提示重新输入，直到输入正确为止。

insert()：完成学生信息的录入。

show_student()：完成学生信息的显示。

main()：通过菜单对程序的运行进行控制。

该程序的数据结构复杂，采用了列表中嵌套字典的数据存储结构。首先将输入的每个学生信息保存在字典stdent中，然后将每个学生字典信息stdent存入大的列表studentList中。语句for info in studentList中遍历的info就是字典类型，info.get("id")就是获取对应学生的学号id。

程序代码：

```
def input_pass(pwd):
    while True:
        password=input("请输入密码：")
        if password==pwd:
            print("密码正确，登录成功！")
            break
        else:
            print("密码错误，请重新输入")
def insert(studentList):
    mark=True
    while mark:
        id=input("请输入ID（如 1001）：")
        if not id:
            break
        name=input("请输入名字：")
        if not name:
            break
        try:
            english=int(input("请输入英语成绩："))
            python=int(input("请输入Python成绩："))
            c=int(input("请输入C语言成绩："))
        except:
            print("输入无效，不是整型数值，重新录入信息")
            continue
        stdent={"id":id,"name":name,"english":english,"python":python,"c":c}
        #将输入的学生信息保存到字典
        studentList.append(stdent)
        inputMark=input("是否继续添加？（y/n）：")
        if inputMark=="y":
            mark=True
        else:
            mark=False
    print("学生信息录入完毕！！！")
def show_student(studentList):
```

```
            if not studentList:
                print("(o@.@o) 无数据信息(o@.@o) \n")
                return
        format_title="{:^6}{:^12}\t{:^8}\t{:^10}\t{:^10}"
        print(format_title.format("ID","名字","英语成绩","Python成绩","C语言成绩"))
        format_data="{:^6}{:^12}\t{:^12}\t{:^12}\t{:^12}"
        for info in studentList:
            print(format_data.format(info.get("id"),info.get("name"),str(info.get("english")),str(info.get("python")),str(info.get("c"))))
    def main():
        pwd="123abc"
        input_pass(pwd)
        studentList=[]
        ctrl=True
        while(ctrl):
            print('''1 录入学生信息\n2 显示所有学生信息\n0 退出系统\n''')
            option=input("请选择：")
            if option in ['0','1','2']:
                if option=='0':
                    print('您已退出学生成绩录入系统！')
                    ctrl=False
                elif option=='1':
                    insert(studentList)
                elif option=='2':
                    show_student(studentList)
    if __name__=="__main__":
        main()
```

习 题

一、单选题

1. 以下关于 return 语句的描述正确的是（　　）。
   A. 函数中最多只有一个 return 语句　　B. return 只能返回一个值
   C. 函数中的 return 语句一定能够得到执行　　D. 函数可以没有 return 语句

2. 下面代码的执行结果是（　　）。

```
def add(a,b=5):
    a=a+1
    return a+b
c=add(3)
print(c)
```

   A. 3　　　　　　B. 9　　　　　　C. 8　　　　　　D. 出错

3. 以下选项不是函数作用的是（　　）。
   A. 复用代码　　　　　　　　　　B. 增强代码可读性
   C. 降低编程复杂度　　　　　　　D. 提高代码执行速度

4. 下列说法中错误的是（　　）。
   A. 当调用函数时，如果没有为某些形参传递对应的实参，则这些形参会自动使用默认参数值
   B. 在使用关键字参数调用函数时，实参的传递顺序与形参列表中形参的顺序必须一致
   C. 当普通实参传递给形参后，如果在函数体中对形参值做修改，则该修改并不会影响实参，即实参值不会改变
   D. 在定义函数时，函数的形参不代表任何具体的值，只有在函数调用时，才会有具体的值赋给形参
5. 下面代码的执行结果是（　　）。

```
def area(r,pi=3.14159):
    return pi*r*r
area(pi=3.14,r=4)
```

   A. 出错　　　　　　B. 50.24　　　　　C. 无输出　　　　　D. 39.4384
6. 阅读代码，以下说法中错误的是：（　　）。

```
def func(a,b):
    c=a**2+b
    b=a
    return c
a=11
b=22
c=func(a,b)+a
print(c)
```

   A. 执行该函数后，变量a的值为11　　　B. 执行该函数后，变量b的值为22
   C. 执行该函数后，变量c的值为44　　　D. 该函数名称为func
7. 阅读程序，运行代码，输出结果是（　　）。

```
s=lambda x,y:(x>y)*x+(x<y)*y
p=lambda x,y:(x>y)*y+(x<y)*x
a=10
b=20
print(s(a,b),end=',')
print(p(a,b))
```

   A. 20,10　　　　　B. 10,10　　　　　C. 10,20　　　　　D. 20,20
8. 阅读程序，运行代码，输出结果是（　　）。

```
def test_param(num1,num2,*args):
    print(args)
test_param(100,200,300,400,500)
```

   A. （100,200,300）　　　　　　　　B. （200,300,400）
   C. （300,400,500）　　　　　　　　D. （100,200）
9. 阅读程序，运行代码，输出结果是（　　）。

```
num1=1
def sum(num2):
```

```
        global num1
        num1=90
        return num1+num2
print(sum(10))
```
  A. 102   B. 100   C. 22   D. 12

10. 以下关于递归函数的描述正确的是（ ）。

  A. 包含一个循环结构   B. 函数内部包含对本函数的再次调用

  C. 函数名作为返回值   D. 递归函数的执行效率高

二、程序填空题

1. 函数 Sum 的功能是求多个数的和并返回，数据个数不限。请将程序填写完整。

【代码】

```
def Sum(*args):
    s=0
    for i in ___(1)___:
        s+=i
    return ___(2)___
print(Sum(1,2,3,4,5))
```

2. 程序功能：判断输入的字符串中包含的数字、字母和其他类型字符的个数并输出。请将程序填写完整。

【代码】

```
def func(str):
    i=j=k=0              #初始化数字字母、字符的个数
    for x in ___(1)___:
        if ___(2)___:
            i+=1
        elif  x<='z' and x>='a' ___(3)___ x<='Z' and x>='A':
            j+=1
        else:
            k+=1
    list1=[i,j ,k]
    return list1
str="gfvja56451238/;.12"
list=___(4)___
print("数字,字母,其他字符的个数分别为:")
for item in___(5)___:
    print(item)
```

3. 程序功能：判断输入的数据是否为完全数。完全数是指一个数恰好等于它的因子之和，如 6=1+2+3，6 就是完全数。请将程序填写完整。

【代码】

```
def judge(n):
    ___(1)___
    for i in range(1,n):
```

```
            if    (2)   :
                sum+=i
        if sum==   (3)   :
            print(n,"是完数！")
        else:
            print(n,"不是完数！")
n=   (4)   (input("请输入一个数："))
judge(n)
```

4. 程序功能：输入3个数，判断能否构成三角形，如果可以构成三角形，计算并输出三角形面积，不能构成，则输出相应提示（三角形面积采用海伦公式求解）。请将程序填写完整。

【代码】

```
a=float(input())
b=float(input())
c=float(input())
if    (1)   :
    p=(a+b+c)/2
    area=   (2)   
    print('{:.2f}'   (3)   )
   (4)   :
    print('不能构成三角形')
```

5. 函数功能：查找序列元素的最大值和最小值。给定一个序列，返回一个元组，其中元组第一个元素为序列最大值，第二个元素为序列最小值。请将程序填写完整。

【代码】

```
def check(   (1)   ):
    mmax=mmin=   (2)   
    for item in num[1:]:
        if item>mmax:
            mmax=item
        elif item < mmin:
            mmin=item
    return   (3)   
listA=[1,2,3,56,-1]
print(check(   (4)   ))
```

三、程序调试题

以下各题目都有几处语法或逻辑错误，请根据题目功能描述，在程序代码中找出错误并修改，不能增删语句。

1. 统计字符串 "Hi, welcome to python world." 中字母 w 出现的次数。

【带错误的源代码】

```
def find(message):
    num=1
    for i in message:
        if w in i:
            num=num+1
    return num
```

```
message='Hi, welcome to python world.'
print(find(message))
```

2. 将给定的字符串去重后，按从小到大排序，并以字符串形式输出排序后的结果。

【带错误的源代码】

```
def test(s):
    str_list=0
    for i in s:
        if i in str_list:
            str_list.append(i)
    a=sort(str_list)
    return a
message='Python is one of the most popular programming languages'
b=test(message)
print(b)
```

3. 假设有列表 lst = ["hello","world","your","solarhalo"]，找出单词最长的一个并输出。

【带错误的源代码】

```
def test(a):
    length=len(a)
    for i in a:
        if i>length:
            length=i
    return length
lst=["hello","world","your","solarhalo"]
print(test(lst))
```

4. 假设有元组 tup = ("python","but","python","a","but")，统计元组中每个元素出现的次数把最终结果保存到列表中并按格式 [('python', 2), ('but', 2), ('a', 1)] 输出。

【带错误的源代码】

```
def test(a):
    result=[]
    for s in a:
        cnt=0
        tmp=(s,cnt)
        if tmp in result:
            continue
        else:
            append(tmp)
    return result
tup=("python","but","python","a","but")
print(test(tup))
```

四、编程题

1. 编程模拟微信发红包的过程，具体数值可利用随机函数 random() 产生。

2. 定义一个判断素数的函数，再定义一个判断回文数的函数，编写程序，调用函数，输出三位数中的所有回文素数。（注：回文素数是指一个数既是素数又是回文数。如131，既是素数又是回文数）。

3. 编写根据身份证号判断性别的函数并调用函数验证。

注：中国公民身份证号码是特征组合码，由17位数字本体码和一位校验码组成。排列顺序从左至右依次为：六位数字地址码，八位数字出生日期码，三位数字顺序码和一位数字校验码。其中顺序码表示在同一地址码所标识的区域范围内，对同年、月、日出生的人员编定的顺序号。顺序码中第17位奇数分给男性，偶数分给女性。

4. 编程实现以下功能：输入2个字符串，判断一个字符串是否为另一个字符串的前缀，如果是，则输出是前缀的那个字符串，如果两个字符串互相都不为前缀，则输出 'no'。

要求判断一个字符串是否为另一个字符串前缀的功能用函数实现。

5. 编写程序实现以下功能：输入若干个整数（输入0结束），将不能被3整除的数相加，并将求和结果输出。要求判断一个整数 n 是否能被另一个整数 m 整除的功能用函数实现。

第 6 章 文 件

本章概要

本章主要介绍Python中的文件操作，首先介绍了Python内置的打开文件的open()函数和关闭文件的close()函数，使用上下文管理器with-as如何进行文件操作，接着详细介绍了文本文件和二进制文件的不同操作方法，最后介绍了os模块的使用。

学习目标

◎ 了解文件对象。
◎ 掌握文件打开模式和关闭方法。
◎ 掌握文本文件和二进制文件的读写操作。
◎ 了解CSV文件和JSON文件。
◎ 了解文件目录。

程序运行时，所有处理结果都存放在内存中，程序执行结束或关闭后，内存中的这些数据也会随之消失，这些数据就无法再次访问了。I/O编程可以将内存中的数据以文件的形式保存到外存（如硬盘、U盘等）中，从而实现数据的长期保存和可重复利用。同时，也可以利用os模块方便地使用与操作系统相关的功能为文件读写操作提供辅助支持。

6.1 文件概述

文件是存储在外部介质上的数据集合。一个文件需要有唯一的文件标识，方便用户根据标识找到唯一确定的文件，以便用户对文件的识别和引用。操作系统以文件为单位，对数据进行管理，若想找到存放在外部介质上的数据，必须先按照文件名找到指定文件，再从文件中读取数据。文件标识由3部分内容组成：文件路径、主文件名和文件扩展名。例如C:\Python3.7\python.exe。

I/O在计算机中是指Input/Output，也就是相对于内存Stream（流）的输入和输出，Input Stream（输入流）是指数据从外（磁盘、网络）流进内存，Output Stream是数据从内存流出到

视频
文件基本操作

外面（磁盘、网络）。程序运行时，数据都是在内存中驻留，由CPU来执行，涉及数据交换的地方（通常是磁盘、网络操作）就需要IO接口。

在变量、序列和对象中存储的数据是暂时的，程序结束后就会丢失，为了能够长时间保存程序中的数据，需要将程序中的数据保存到磁盘文件中。Python提供了内置的文件对象和对文件、目录进行操作的内置模块，通过这些技术可以很方便地将数据保存到文件中，以达到长时间保存数据的目的。

6.2 文件的打开和关闭

按照数据在磁盘上存储时的组织形式不同，文件可以分为文本文件和二进制文件两类。文本文件（又称ASCII文件），是基于字符编码的文件，该文件中一个字符占用一个字节，存储单元中存放单个字符对应的ASCII码，可以直接阅读和理解文件内容。文件扩展名是txt、docx、csv、ini等的文件都属于文本文件。由于文本文件中的每个字符都要占用一个字节的存储空间，并且在存储时需要进行二进制和ASCII码之间的转换，因此使用这种方式既消耗空间，也浪费时间。

数据如果在内存中是以二进制形式存储的，如果不加转换地输出到外存，则输出文件就是一个二进制文件。二进制文件实际上是存储在内存中数据的映像，又称映像文件。由于数据是以二进制形式存储，需要用特定的应用软件打开。如扩展名是jpeg、exe等的文件都是二进制文件。使用二进制文件存放数据时，需要的存储空间相对来说更少，并且不需要进行转换，既节省时间，又节省空间。但这种存放方法不够直观，需要经过转换后才能看到存放的信息。

不论是哪种类型的文件，文件的操作一般都包括以下3个基本步骤：
① 打开文件，获取文件对象。
② 通过操作文件对象对文件内容进行读或写等操作。
③ 关闭文件。

6.2.1 文件的打开

在Python中，想要操作文件需要先创建或者打开指定的文件并创建文件对象，这可以通过内置的open()函数实现。open()函数的基本语法如下：

```
File=open(file_name[,Mode][,Encoding][,Buffering])
```

各个参数的意义如下：

File：被创建的文件对象，如果不在当前路径，需指出具体路径。

file_name：file_name变量是一个包含要访问的文件名称的字符串值。

Mode：定义了打开文件的模式——只读、写入、追加等。可取值见表6-1。

表 6-1 mode 的参数值及说明

打开模式	说明
'r'	只读模式（默认模式），如果文件不存在，则报错；如果文件存在，则正常读取
'w'	覆盖写模式，如果文件不存在，则新建文件，然后写入；如果文件存在，则先清空文件内容，再写入
'x'	创建写模式，如果文件存在，则报错；如果文件不存在，则新建文件，然后写入内容，比w模式更安全
'a'	追加写模式，如果文件不存在，则新建文件，然后写入；如果文件存在，则在文件的最后追加写入
'b'	二进制文件模式，如 rb、wb、ab，以 bytes 类型操作数据

续表

打开模式	说　　明
't'	文本文件模式
'+'	与 r/w/x/a 一同使用，在原功能基础上增加同时读写功能

　　文件模式可以组合使用，如"r+"以读写方法打开文件，"rb"以只读方式打开二进制文件。文件默认以文本模式打开，mode参数是非强制的，如果省略，则默认文件访问模式为只读（r）。一旦创建了文件对象，就可以使用文件对象属性得到该文件的一些信息。

　　Buffering：可选参数，用于设置访问文件时采用的缓冲模式，如果省略，则使用默认值-1。在默认情况下，Python会根据文件的类型和操作系统的不同自动选择缓冲策略。

　　Encoding：可选参数，用于标明打开文本文件时，采用何种字符编码处理数据。缺省表示使用当前操作系统默认的编码类型（中文Windows10默认为GBK编码，Mac和Linux等一般默认编码为ASCII编码），当使用二进制模式打开文件时，encoding参数不可以使用。

　　UTF-8（8-bit Unicode Transformation Format）是一种针对Unicode的可变长度字符编码，又称万国码。UTF-8具有1~6个字节编码Unicode字符，包含全世界所有国家需要用到的字符。Python 3.x推荐使用UTF-8编码，创建文本文件时，建议指定使用UTF-8编码，以方便其他程序访问该文件。

　　例如：

```
>>> f1=open("file1.txt","r")   #创建或打开文件file1.txt
>>> f2=open("file2.dat","xb")  #创建文件file2.dat，若file2.dat已存在，则导致FileExistsError
>>> f3=open("file1.dat","ab")  #创建或打开file1.dat，附加模式
```

　　打开文件时，如果文件名错误或文件不存在，open()函数就会抛出一个IOError的错误，并且给出错误和详细的信息告诉文件不存在。例如：

```
>>> f=open("test1.txt","r")    #假设当前路径下没有test1.txt文件
```

执行后显示结果如图6-1所示。

```
>>> f = open("test1.txt","r")
Traceback (most recent call last):
  File "<pyshell#0>", line 1, in <module>
    f = open("test1.txt","r")
FileNotFoundError: [Errno 2] No such file or directory: 'test1.txt'
>>>
```

图 6-1　程序执行结果

　　文件操作容易产生异常，而且最后需要关闭打开的文件，因此使用try-except-finally语句，在try语句块中执行文件相关操作，使用except捕获可能发生的异常，在finally语句块中确保关闭打开的文件。例如：

```
try:
    f=open(file,mode)           #打开文件
    #操作打开的文件
except:                         #捕获异常
    #发生异常时执行的操作
finally:
    f.close()                   #关闭打开的文件
```

在执行过程中，需要注意的是，假设文件在目录中已经存在，如果还以"w"模式打开，那么原来文件中的内容就会被清空。例如：

假设文件test11.txt的内容是：hello world，执行以下语句

```
>>> f=open("test11.txt","w")
```

再次打开文件test11.txt，发现原来内容已被清除。

6.2.2 文件的关闭

文件读写操作完成后，需要及时关闭。一方面，文件对象会占用操作系统的资源；另一方面，操作系统对同一时间能打开的文件对象的数量是有限制的，而且如果不及时关闭文件，还可能会造成文件中数据的丢失，因为将数据写入文件时，操作系统不会立刻把数据写入磁盘，而是先把数据放到内存缓冲区。当关闭文件时，操作系统会把没有写入磁盘的数据全部写到磁盘上。关闭文件可以使用文件对象的close()方法实现。

close()方法的语法格式如下：

```
file.close()
```

在文件关闭后便不能对其进行读写操作，但文件关闭后文件对象还是存在的，使用file.closed()可以查看文件对象是否为关闭状态，如果文件对象已关闭，file.closed()的值为True，否则为False。例如：

```
f1=open("file1.txt","w",encoding='utf-8')
print("文件名:",f1.name)
print("文件模式: ",f1.mode)
print("是否关闭: ",f1.closed)
f1.close()
```

执行后结果显示如下：

```
文件名：file1.txt
文件模式：w
是否关闭：False
```

6.2.3 with语句和上下文管理器

打开文件后，需要及时关闭，如果忘记关闭可能会带来意想不到的问题。而且，如果在打开文件时抛出了异常，那么将导致文件不能被及时关闭。为了简化操作，更好地避免此类问题发生，Python还提供了with语句，可以实现在处理文件时，无论是否抛出异常，都能保证with语句执行完毕后关闭已经打开的文件。

with语句是Python提供的一种简化语法，适用于对资源进行访问的场合。其基本语法格式如下：

```
with Expression as Target:
    with-body
```

参数说明：

Expression：用于指定一个表达式，这里可以是打开文件的open()函数。

Target：用于指定一个变量，并且将expression的结果保存到该变量中。

with-body：用于指定with语句体，其中可以是执行with语句后相关的一些操作语句。如果

不想执行任何语句，可以直接使用pass语句代替。

例如：假设当前目录下有文件1.txt，打开并显示文件内容的方法如下：

```
with open('1.txt','r',encoding='utf-8') as f:
    for line in f:       #对文件进行逐行遍历
        print(line)
```

运行时首先执行with后面的open代码；执行完成后，将代码的结果通过as保存到f中；然后在下面实现真正要执行的操作；在操作完成后，文件就会在使用完后自动关闭。

使用with-as的上下文管理器方式，代码最后就不需要再用f.close()关闭文件，因为一旦代码离开隶属with-as的缩进代码范围，文件f的关闭操作会自动执行，即使上下文管理器范围内的代码因错误异常退出，文件f的关闭操作也会正常执行，可以避免因忘记f.close()语句而导致的异常发生。

6.2.4 文件缓冲

文件缓冲区是用以暂时存放读写期间的文件数据而在内存区预留的一定空间。通过磁盘缓存实现，磁盘缓存本身并不是一种实际存在的存储介质，它利用主存中的存储空间暂存从磁盘中读出（或写入）的信息。主存也可以看作辅存的高速缓存，因为辅存中的数据必须复制到主存方能使用；反之，数据也必须先存在主存中，才能输出到辅存，如图6-2所示。

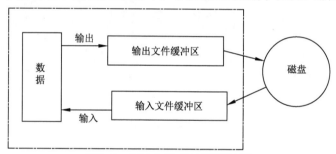

图6-2 缓冲文件系统读取过程

一个文件的数据可能出现在存储器层次的不同级别中，例如，一个文件数据通常被存储在辅存中（如硬盘），当其需要运行或被访问时，就必须调入主存，也可以暂时存放在主存的磁盘高速缓存中。大容量的辅存常常使用磁盘，磁盘数据经常备份到磁带或可移动磁盘组上，以防止硬盘故障时丢失数据。

根据应用程序对文件的访问方式，即是否存在缓冲区，对文件的访问可以分为带缓冲区的文件操作和非缓冲区的文件操作。

- 带缓冲区的文件操作：高级标准文件I/O操作，将会在用户空间中自动为正在使用的文件开辟内存缓冲区。
- 非缓冲区的文件操作：低级文件I/O操作，读写文件时，不会开辟对文件操作的缓冲区，直接通过系统调用对磁盘进行操作（如读、写等），如果需要，用户也可以在程序中为每个文件设定缓冲区。

6.3 文件的读写

读写文件就是请求操作系统打开一个文件对象（通常称为文件描述符），然后通过操作系统提供的接口从这个文件对象中读取数据（读文件），或者把数据写入该文件对象（写文件）。对文件的读取操作需要将文件中的数据加载到内存中。

6.3.1 文本文件的读取和写入

1. 读取文本文件

Python中读取文本文件的方法如表6-2所示。

表6-2 文件读取方法

方法	描述
read()	一次读取文件所有内容，返回一个str
read(size)	每次最多读取指定长度的内容，返回一个str；在Python 2中size指定的是字节长度，在Python 3中size指定的是字符长度
readlines()	一次读取文件所有内容，按行返回一个列表
readline()	每次只读取一行内容，文件指针移动到下一行的开始

假设在D:\temp下有文件test1.txt，文件内容如图6-3所示。

图6-3 文件test1.txt的内容

如果需要一次输出文件的全部内容：

```
f1=open(r"d:\temp\test1.txt","r")    #打开test1.txt文件
#若文件不存在，则导致FileNotFoundError
s=f1.read()              #从f1中读取文件内容至文件结尾，返回一个字符串
print(s)
```

执行结果如下：

```
Life is
short
You
need
Python
```

 注意：
　　文件最后如果有回车符，也会一并输出。

如果只是想输出文件的部分内容，则可以改成：

```
f1=open(r"d:\temp\test1.txt","r")
s=f1.read(4)        #从f1文件的当前位置起读取4个字符
```

```
print(s)
s=f1.read(3)        #从f1文件的当前位置起读取3个字符
print(s)
```

执行后输出：

```
Life
 is
```

如果想按行输出文件内容，则可以修改成：

```
f1=open(r"d:\temp\test1.txt","r")
line=f1.readline()              #从f1中读取1行内容，返回一个字符串
print(line)
next_line=f1.readline()
print(next_line)
lines=f1.readlines()            #从f1中读取剩余内容，返回一个列表
print(lines)
```

执行后结果显示如下：

```
Life is

short

['You\n','need\n','Python']
```

2. 写入文本文件

Python中写入文本文件的方法见表6-3。

表 6-3　文件写入方法

方　法	描　述
write(n)	把字符串写入到文件中
writelines(lines)	把列表 lines 中的各字符串写入到文件中

例如：如果想把字符串'hello'写入文件f1.txt中，则可以：

```
>>> f=open(r'd:\temp\f1.txt','w')
>>> f.write('hello')
5
>>> f.close()
```

执行后文件内容如图6-4所示。

如果想分行写入不同内容：

```
>>> f=open(r'd:\temp\f2.txt','w')
>>> f.writelines(['Hello\n','World\n'])
>>> f.close()
```

注意：

write()、writelines() 不会自动添加换行符，所以可以通过添加 \n 实现换行。

执行后文件内容如图6-5所示。

图6-4 代码执行结果 　　　　图6-5 代码执行结果

3. 与文件指针位置相关的方法

Python中还有两个与文件指针位置相关的方法，见表6-4。

表 6-4　文件指针的相关方法

方　　法	描　　述
seek(n)	将文件指针移动到指定字节的位置
tell( )	获取当前文件指针所在字节位置

（1）seek( )方法

Python在文件读取过程中使用了指针，在文件刚打开时，指针指向文件内容的开端，随着读/写的进行，指针一步一步往后移动。下一次的读/写从指针当前位置向后进行，当指针移动到文件结尾后，其后已经没有数据了，再试图读取数据就没有返回值了。

操作指针的方法为：

```
seek(offset,whence)
```

offset：文件指针的偏移量，单位是字节，即读/写位置需要移动的字节数。

whence：指定文件的读/写位置，该参数的取值为0、1、2，代表的含义分别如下：

- 0：文件开始；
- 1：当前位置；
- 2：文件结尾。

seek( )函数调用成功会返回当前读写位置，如果操作失败，则函数返回-1。

假设有文件1.txt，文件内容如图6-6所示。

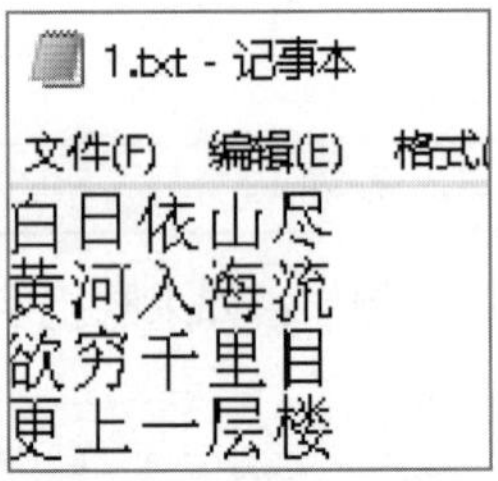

以操作文件1.txt为例，seek()的用法如下：

```
>>> f=open("1.txt")
>>> f.seek(5,0)          #相对文件开头进行偏移：5
```

图6-6　文件1.txt内容

（2）tell()方法

通过文件对象的tell()方法，可以获取当前文件指针的位置。

tell()和seek()方法通常结合在一起使用，可以更方便地操作文件。

例如：

```
>>> f=open("1.txt","r",encoding='utf-8')
>>> content=f.readline()      #读取文件第一行
>>> print(content)            #输出：白日依山尽
>>> print(f.tell())           #当前位置指针：20
>>> content=f.readline()      #读取当前指针位置的后一行内容
>>> print(contnt)             #输出：黄河入海流
>>> content=f.readlines()     #读取当前位置指针后的所有行
>>> print(content)            #输出：['欲穷千里目\n','更上一层楼']
```

```
>>> print(f.tell())              #当前指针位置处于文件结尾,后面无数据
>>> content=f.readlines()        #后面无数据,结果为空列表
>>> print(content)               #输出: [ ]
>>> f.seek(0)                    #把指针移动到文件开始位置
>>> content=f.readlines()        #可读取文件中的全部内容
>>> print(content)   #输出:['白日依山尽\n','黄河入海流\n','欲穷千里目\n','更上一层楼']
```

需要注意的是:

① 不同编码格式在对中文等字符编码时,一个字符可能占用2个、3个、4个字节,因此使用offset值很难预估文件指向希望移动到的精确位置。如果移动到一个汉字的非起始字节位置,输出可能会产生乱码。

② whence=1或whence=2时,在二进制文件中可以设置任意偏移量,在文本文件中,只允许设置偏移量为0,不允许使用其他数值作为偏移量。

6.3.2 二进制文件的读取和写入

二进制文件就是把内存中的数据按其在内存中存储的形式原样输出到磁盘中存放,即存放的是数据的原形式,可以用于存储各种程序数据。在打开此类型文件时需指定打开模式"b"。

例如:

```
with open(r"d:\temp\data1.dat","wb") as f:
    #encode方法对字符串进行编码,写入二进制文件
    f.write("123\n".encode("utf-8"))
    f.write("456\n".encode("utf-8"))
with open(r"d:\temp\data1.dat","rb") as f:
    for line in f:
        print(line)
```

执行后结果显示如下:

```
b'123\n'
b'456\n'
```

如果想修改文件内容:

```
with open(r"d:\temp\data1.dat","rb+") as f:
    f.write("重写第一行\n".encode("utf-8"))
    line=f.readline()
    print(line.decode('utf-8'))
with open(r"d:\temp\data1.dat","rb") as f:
    for line in f:
        print(line)
```

执行后文件内容显示如图6-7所示。

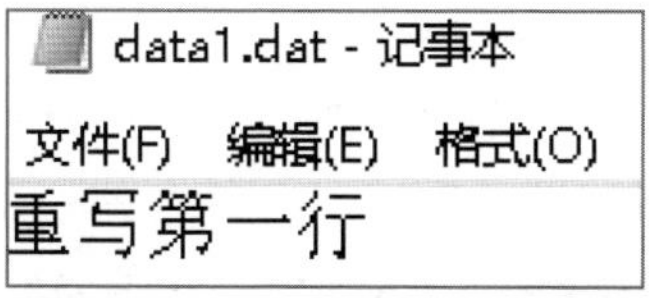

图 6-7 文件data1.dat内容

二进制文件可以更方便地使用文件指针读取文件的内容。

例如：假设有文件data.txt，内容如图6-8所示。

```
data.txt - 记事本
文件(F) 编辑(E) 格式(O)
20125 98
20132 90
20514 88
20320 92
```

图 6-8　文件data.txt内容

```
>>> f=open("data.txt",'r')        #打开文件
>>> print(f.tell())               #判断文件指针的位置：0
>>> print(f.read(5))              #读取5个字符
20125
>>> print(f.tell())               #判断文件指针的位置：5
```

> **说明：**
> 当使用 open() 函数打开文件时，文件指针的起始位置为 0，表示位于文件的开头处，当使用 read() 函数从文件中读取 5 个字符之后，文件指针同时向后移动了 5 个字符的位置。这就表明，当程序使用文件对象读写数据时，文件指针会自动向后移动：读写了多少个数据，文件指针就自动向后移动多少个位置。

```
>>> f=open("data.txt",'r')        #打开文件
>>> f.seek(5)                     #将文件指针从文件开头，向后移动到5个字符的位置
5
>>> print(f.read(3))              #从文件指针当前位置向后读取3个字符
 98
```

6.4　CSV 文件

CSV（comma-separated values）是一种通用的、相对简单的文件格式，在商业和科学上得到广泛应用，其文件以纯文本形式存储表格数据（数字和文本），数据之间的分隔符最常见的是用逗号分隔，以行为单位，一行数据不跨行，通常以.csv为文件扩展名；可以使用Excel打开CSV文件。CSV文件主要用于在程序之间转移表格数据。

csv模块是Python提供的一个专门处理CSV文件的模块，使用csv模块前必须先导入csv模块：

```
import csv
```

6.4.1　读取CSV文件

csv.reader对象用于从CSV文件读取数据，其格式一般如下：

```
csv.reader(csvfile,dialect='excel',**fmtparams)
```

其中，csvfile是文件对象或list对象；dialect用于指定CSV文件的格式；fmtparams用于指定特定格式，可以覆盖dialect中的格式。

csv.reader对象是可迭代对象。reader对象包含如下属性：
- csvreader.dialect：返回其dialect。
- csvreader.line_num：返回读入的行数。

例如：想要读取某个CSV文件的内容，假设CSV文件名为student.csv，内容如图6-9所示。

```
id,name,score
102101,name01,88
102102,name02,82
102103,name03,70
```

图 6-9　文件student.csv内容

```
import csv
with open("student.csv") as f:         #打开文件
    reader=csv.reader(f)               #创建csv.reader对象
    head_row=next(reader)              #读取第一行数据
    print(head_row)                    #打印第一行
    print("=============================")
    for row in reader:                 #循环打印各行数据
        print(row)
```

执行后结果显示如下：

```
['id','name','score']
=============================
['21013','name01','88']
['21021','name03','82']
['21023','name08','70']
['21045','name14','91']
['21015','name25','65']
['21036','name26','80']
['21077','name17','77']
['21033','name28','54']
>>>
```

csv文件也可以按列读取数据：

```
import csv
with open("student.csv") as f:         #打开文件
    reader=csv.reader(f)               #创建csv.reader对象
    column=[row[2] for row in reader]  #读取score这一列数据
print(column)
```

执行后结果显示如下：

```
['score','88','82','70','91','65','80','77','54']
```

6.4.2　CSV文件的写入

csv.writer对象用于把列表对象数据写入到CSV文件，其一般格式如下：

```
csv.writer(csvfile,dialect='excel',**fmtparams)
```

其中，csvfile是任何支持write()方法的对象，通常为文件对象；dialect和fmtparams与csv.reader对象构造函数中的参数意义相同。

- csv.writer对象支持下列方法和属性。
- csvwriter.writerow(row)：方法，写入一行数据。
- csvwriter.writerows(rows)：方法，写入多行数据。
- csvreader.dialect：只读属性，返回其dialect。

【例6-1】将几个学生的信息（学号，姓名，2门课程的成绩）写入csv文件中。

程序代码：

```
import csv
header=['id','name','score1','score2']
rows=[['21091','name01',90,88],
      ['21092','name02',85,80],
      ['21093','name03',78,92]]
with open('student02.csv','w') as f:
    f_csv=csv.writer(f)              #创建csv.writer对象
    f_csv.writerow(header)           #写入第一行数据
    f_csv.writerows(rows)            #写入多行数据
```

执行后文件内容显示如图6-10所示。

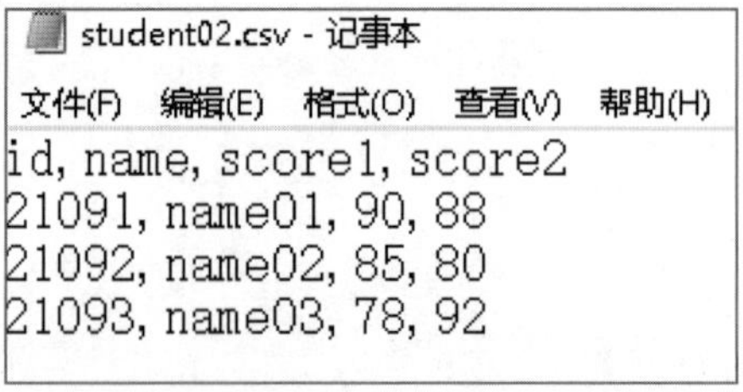

图6-10 文件student02.csv内容

如果需要增加某个学生的信息，则需要以"a"模式打开文件，然后再写入信息。

```
import csv
stu1=['21094','name04',95,90]                #增加的学生信息
with open('student02.csv','a') as f:         #以追加模式打开文件
    f_csv=csv.writer(f)
    f_csv.writerow(stu1)
```

执行后，可以看到，在student02.csv文件的最后增加了一行数据，如图6-11所示。

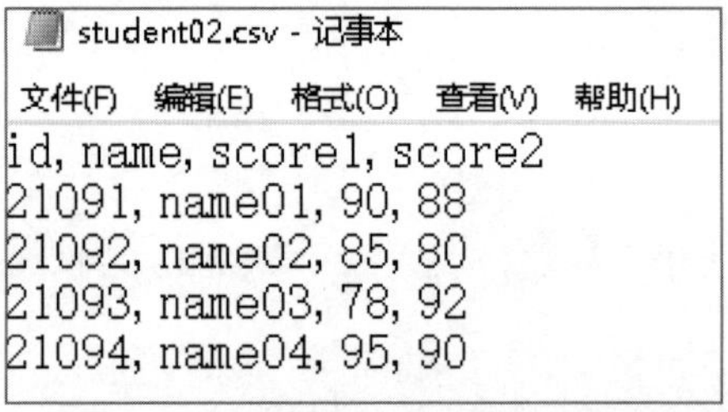

图6-11 文件student02.csv内容

6.5 JSON 文件

JSON（JavaScript Object Notation）是一种轻量级的数据交换格式，采用完全独立于语言的文本格式，易于人的阅读和编写，同时也易于机器解析和生成，可以有效地提升网络传输效率。

Python内置了json库，用于对JSON数据的解析和编码，json库中与读写相关的函数有以下几个：

- dumps()：将一个Python对象编码为json对象。
- loads()：将一个json对象解析为Python对象。
- dump()：将Python对象写入文件。
- load()：从文件中读取json数据。

例如，写入json文件：

```
import json
score={
      'Ken':95,
      'Simon':83,
      'John Wilson':86
      }
with open('score.json','w') as f:
    json.dump(score,f)
```

如果要读取json文件内容：

```
import json
with open('score.json','r') as f:
    a=json.load(f)
print(a)
```

【例6-2】 编程实现以下功能：将n个姓名和对应的邮箱地址写入json文件中；从json文件中读出并显示文件内容；输入姓名并查找其邮箱地址，如果不存在，则给出相应的提示信息。

程序代码：

```
import json
email_add ={'wang':'109384@qq.com',
            'zhao':'9980023@qq.com',
            'xu':'1234879064@qq.com',
            'xie':'239864301@qq.com',
            'tang':'678905432@qq.com'
            }
#JSON文件写入
with open(r'd:\data.json','w') as f:
    json.dump(email_add,f)
#读出JSON文件中的内容
with open(r'd:\data.json','r') as f:
    email_add=json.load(f)
    print(email_add)
```

```
#查找某人的邮件地址
name=input("请输入联系人姓名: ")
if(name not in email_add):
    print("不在地址列表中")
else:
    print("查找到: {}的邮件地址: {}".format(name,email_add[name]))
```

6.6 文件和文件夹操作

Python内置os库提供了许多目录和文件操作的相关方法，如创建目录、删除目录等。使用import os语句导入os库后，即可使用其相关方法。os库常用方法见表6-5。

表6-5 os库常用方法

方　　法	说　　明
os.mkdir(path)	创建子目录
os.makedirs	依次创建多级子目录
os.rmdir(path)	删除目录
os.chdir(path)	将当前工作路径修改为path
os.rename()	重命名
os.remove(file)	删除文件，文件不存在则报错
os.getcwd()	获取当前工作路径
os.walk()	遍历目录
os.path.join()	连接目录与文件名
os.path.split()	分割文件名与目录
os.path.abspath()	获取绝对路径
os.path.dirname()	获取路径
os.path.basename()	获取文件名或文件夹名
os.path.splitext()	分离文件名与扩展名
os.path.isfile()	判断给出的路径是否为一个文件
os.path.isdir()	判断给出的路径是否为一个目录
os.path.getsize(file)	文件file存在，返回其大小（byte为单位），不存在则报错
os.listdir(path)	以列表形式返回path路径下的所有文件名，不包括子路径中的文件名

例如：

```
>>> import os
>>> des=os.getcwd()              #获取当前工作目录
>>> print(des)                   #当前工作目录默认都是当前文件所在的文件夹
>>> os.chdir('D:\\test\\path')   #修改当前工作目录
```

如果当前目录下无此文件夹，则提示出错，出错信息如图6-12所示。

第6章 文 件

```
>>> os.chdir('d:\\test\\path')
Traceback (most recent call last):
  File "<pyshell#3>", line 1, in <module>
    os.chdir('d:\\test\\path')
FileNotFoundError: [WinError 2] 系统找不到指定的文件。: 'd:\\test\\path'
>>>
```

图6-12 程序执行结果

在当前路径下重新建好文件夹后，再执行，就显示正确了。例如：

```
>>> import os
>>> os.getcwd()
'D:\\Python36'
>>> os.listdir(r"d:\Python36")         #显示当前目录内容
['DLLs','Doc','file1.dat','file1.data','file1.txt','file2.dat','include','Lib',
'libs','LICENSE.txt','NEWS.txt','python.exe','python3.dll','python36.dll',
'pythonw.exe','Scripts','tcl','test.txt','Tools','tt.py','tt12.txt',
'vcruntime140.dll']
>>> os.mkdir(r"d:\test")               #在D盘新建test目录
>>> os.chdir(r"d:\test")               #修改当前工作目录
>>> os.getcwd()                        #显示当前工作目录
'd:\\test'
>>>
>>> os.makedirs(r"d:\Python36\temp01\temp02")    #创建多级子目录
>>> os.remove(r"d:\Python36\temp\a.txt")         #删除a.txt文件
#修改文件名a1.txt 为a2.txt
>>> os.rename(r"d:\Python36\temp\a1.txt",r"d:\Python36\temp\a2.txt")
#修改目录名temp为temp01
>>> os.rename(r"d:\Python36\temp",r"d:\Python36\temp01")
```

> **注意：**
> Python 中表示路径的方法有两种：绝对路径和相对路径。绝对路径有三种使用方法，反斜杠 '\'、双反斜杠 '\\' 和原始字符串 r。由于反斜杠 '\' 要用作转义符，所以如果要使用反斜杠表示路径，则必须使用双反斜杠，如 d:\\test。可以使用原始字符串 + 单反斜杠 '\' 的方式表示路径，如 r"c:\Program Files"。

【例 6-3】 编写程序，统计一个文件中Python关键字的个数。

程序代码：

```
keywords={"and","as","assert","break","continue","def","elif","else",
"except","False","finally","for","from","global","if","import","in","is",
"lambda","None","not","or","pass","return","True","try","while","with",
"yield"}
    python_name=input("文件名:")
    infile=open(python_name,'r')
    text=infile.read().split()
    count=0
    for word in text:
```

```
        if word in keywords:
            count+=1
print("关键字的个数:%d"%(count))
```

6.7 综合应用

【例6-4】 有一个存放学生课程成绩的文件score.txt,存有5名学生的学号和各5门课程的成绩。文件内容如图6-13所示。

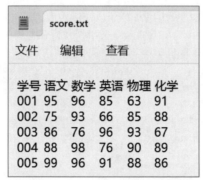

图6-13 score.txt文件内容

编写程序,完成一个简易学生成绩统计分析的功能。具体功能如下:

(1)读取文件内容;

(2)计算并输出每门课程的平均分;

(3)计算每名学生的总分,按总分从高到低排序,并将排序后的结果写到新文件newscore.txt中,数据之间用逗号(,)分隔;

(4)输出总分最高和最低的学生学号及其总分;

(5)在屏幕上输出文件newscore.txt内容。

程序代码:

```
#1. 从文件中读取数据
with open("score.txt","r",encoding="utf-8") as f1:
    contents=f1.readlines()
#2. 建立列表
score=[]
for i in contents:
    ls=i.split()
    score.append(i.split())
#3. 计算每个学生的总分
score[0].append("总分")
for c in score[1:]:
    sum=int(c[1])+int(c[2])+int(c[3])+int(c[4])+int(c[5])
    c.append(str(sum))
#4. 计算每门课程的平均分
print('\n每门课平均分: ')
avg=[0, 0, 0, 0, 0]
```

```
title=score[0]
score=score[1:]
for i in range(len(score)):
    for j in range(len(avg)):
        avg[j]=avg[j]+int(score[i][j+1])
for l in range(len(avg)):
    avg[l]=round(avg[l]/len(score), 2)
for i in range(1,len(title)-1):
    print('{}课程平均成绩为{}'.format(title[i], avg[i-1]))
#5. 按总分进行降序排序
score.sort(key=lambda x:int(x[6]),reverse=True)
#输出最高分和最低分
print()
print('学号{}总分最高: {}分'.format(score[0][0],score[0][6]))
print('学号{}总分最低: {}分'.format(score[-1][0],score[-1][6]))
print()
print("排序后成绩: ")
print("学号    语文    数学    英语    物理    化学    总分")
for h in score:
    for j in range(7):
        print(h[j],end="\t")
    print()
#按总分从高到低保存到文件newscore.txt
with open('newscore.txt','w', encoding='utf-8') as data:
    data.write(','.join(title)+'\n')
    for s in score:
        data.write(','.join(s)+'\n')
print()
```

运行结果如图6-14所示。

```
每门课平均分:
语文课程平均成绩为88.6
数学课程平均成绩为91.8
英语课程平均成绩为82.8
物理课程平均成绩为83.8
化学课程平均成绩为84.2

学号005总分最高: 460分
学号002总分最低: 407分

排序后成绩:
学号    语文    数学    英语    物理    化学    总分
005     99      96      91      88      86      460
004     88      98      76      90      89      441
001     95      96      85      63      91      430
003     86      76      96      93      67      418
002     75      93      66      85      88      407
```

图6-14 例6-4运行结果

习 题

一、单选题

1. open() 函数的默认打开方式是（ ）。
   A. w   B. w+   C. r   D. r+
2. 文件打开模式中，使用 a 模式，文件指针指向（ ）。
   A. 文件头   B. 文件尾   C. 文件随机位置   D. 空
3. 下面文件打开方式中，不能对打开的文件进行写操作的是（ ）。
   A. w   B. wt   C. r   D. a
4. 如果想将文件的所有行读取到一个列表中，则应使用（ ）。
   A. read   B. readall   C. readline   D. readlines
5. 下面说法中，错误的是（ ）。
   A. 如果要创建的目录已经存在，则 os.mkdir 函数会报错
   B. 如果要创建的目录已经存在，则 os.makedirs 函数不会报错
   C. 如果要删除的目录不存在，则 os.rmdir 函数会报错
   D. 如果要删除的目录已存在但目录不为空，则 os.rmdir 函数会报错
6. 关于 CSV 文件的描述，以下选项中错误的是（ ）。
   A. CSV 文件的每一行是一维数据，可以使用 Python 中的列表类型表示
   B. CSV 文件通过多种编码表示字符
   C. 整个 CSV 文件是一个二维数据
   D. CSV 文件格式是一种通用的文件格式，应用于程序之间转移表格数据
7. 下列关于 Python 文件的 '+' 打开模式描述正确的是（ ）。
   A. 追加写模式
   B. 与 r/w/a/x 一同使用，在原功能基础上增加同时读写功能
   C. 只读模式
   D. 覆盖写模式
8. 以下选项不是 Python 文件读操作的是（ ）。
   A. readline()   B. readtext()   C. read()   D. readlines()
9. Python 对文件操作采用的统一步骤是（ ）。
   A. 打开—读取—写入—关闭   B. 打开—操作—关闭
   C. 操作—读取—写入   D. 打开—读写—写入
10. 以下对文件描述错误的是（ ）。
    A. 文件可以包含任何内容   B. 文件是存储在辅助存储器上的数据序列
    C. 文件是数据的集合和抽象   D. 文件是程序的集合和抽象

二、程序填空题

1. 在 D 盘 study 目录下创建一个名字为 test.txt 的文件并向文件中写入字符串 " 计算机编程语言 "，请将程序填写完整。

【代码】

```
   (1)   open('D:\\study\\test.txt','w+') as f:
   (2)   ('计算机编程语言')
```

2. 程序功能：随机产生 10 个 1~100 的整数，存入文件中，文件中每个数据占一行，请将程序填写完整。

【代码】

```
import random
f=open('data.txt',   (1)   )
for i in range(10):
    f.write(str(random.randint(   (2)   ))+   (3)   )
f.seek(0)
print(   (4)   )
f.close()
```

3. 下面程序在 D 盘的 study 目录下创建一个名字为 score.csv 的文件，并将 2 名学生的 3 门课程成绩写入文件中，请将程序填写完整。

【代码】

```
import csv                              #导入csv模块
data=[[90,98,87],                       #第1名学生的3门课程成绩
[70,89,92]]                             #第2名学生的3门课程成绩
with open('D:\\study\\score.csv','w',newline='') as f:  #打开文件
    csvwriter=csv.   (1)   (f)
    csvwriter.   (2)   (['语文','数学','英语'])  #先将列标题写入CSV文件
    csvwriter.   (3)   (data)   #将二维列表中的数据写入CSV文件
```

4. 假设 D 盘有文件 hello.txt，程序功能：利用自定义函数，实现文件的复制功能，请将程序填写完整。

【代码】

```
def copy_file(oldfile,newfile):
    oldFile=open(oldfile,   (1)   )
    newFile=open(newfile,   (2)   )
    while True:
        fileContent=oldFile.read(50)
        if fileContent=="":
              (3)   
        newFile.write(   (4)   )
    oldFile.close()
    newFile.close()
copy_file(r"d:\temp\hello.txt",r"d:\temp\hello2.txt")
```

三、程序调试题

1. 假设有文件 test.txt，内容如图 6-15 所示。以下代码功能是：统计文件中总共有多少行，以及符号"="在文件中出现的次数。

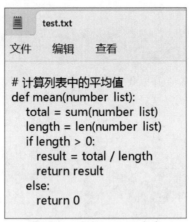

图6-15　文件test.txt内容

【带错误的源代码】

```
line_num=0
sword='='
result_line=0
with open('test.txt','r',encoding='utf-8') as f:
    for index,line in enumerate(f):
        if sword in line:
            result_line.append(index)
        line_num+=1
print("文件有{}行".format(line_num))
print("符号'='出现了{}次".format(result_line))
```

2. 假设有一个文件 a.txt，内容是："C语言是一个很有用的编程语言，在编程领域中，C语言的应用非常广泛。"，下面代码的功能是：将文件中的"C语言"替换为"Python语言"。

【带错误的源代码】

```
with open('a.txt','r',encoding='utf-8') as f:
    data=f.read
    print(data)                    # 输出原文件内容
with open('a.txt','r',encoding='utf-8') as f:
    data_n=data.replace('C语言','Python语言')
    f.write(data_n)
```

3. 假设文件 test.txt 内容是一篇英文文章，以下代码的功能是统计文件中每个单词出现的频次，并输出频次最高的10个单词。

【带错误的源代码】

```
file=open("test.txt","r")
word_n={}
for line in file:
    words=line.strip().split
    for word in words:
        if word in word_n:
            word_n[word]+=1
        else:
```

```
        word_n[word]=1
word_list=[]
for word,times in word_n.items():
    word_list.append(times,word)
word_list.sort(reverse=True)
for times,word in word_list[10:]:
    print(word)
file.close()
```

4. 假设有文件 a.txt，编写程序统计并输出文件中数字出现的次数。

【带错误的源代码】

```
with open("a.txt","w") as fp:
    content=read(fp)
count=0
for i in content:
    if i.isdigit():
        count+=1
print("数字字符出现了{}次".format(count))
```

5. 编写程序，将文件中的内容倒序输出。

【带错误的源代码】

```
f01=open("b.txt","r")
content=()
while true:
    line=f01.readline()
    content.append(strip(line))
    if len(line)==0:
        break
for ch in content[::]:
    print(ch)
f01.close()
```

四、编程题

1. 编写程序，读取 student.csv 中的数据，统计分析成绩的平均值，并打印出结果。假设 student.csv 的内容如下：

```
id,name,score
102101,name01,88
102102,name02,82
102103,name03,70
102104,name04,91
102105,name05,65
102106,name06,80
102107,name07,77
102108,name08,54
```

2. 编写程序，生成 50 个 100~999 的随机整数存入文件中，文件每行存放 5 个整数，每行之间用一个空格间隔。

3. 将当前目录所有扩展名为 doc 的文件修改为扩展名为 docx 的文件。

4. 编写程序实现功能：有两个文件 f1.txt 和 f2.txt，各存放一行字母，要求把这两个文件中的信息合并，并按字母顺序排列，输出到一个新文件 f3.txt 中。

5. 编写一个文件加密程序，从键盘输入一个字符串，保存到文件中，加密方法是将每个字符加 8，然后将加密后的字符串存放到另一个文件中。

6. 模拟用户首次登录系统进行注册的过程。首先用户从键盘输入账户、密码、昵称等信息，将输入的信息以账户名作为文件名，保存在文本文件中，然后重新登录，验证是否已注册成功。

7. 编写函数，统计《Python 之禅》中每行的单词数。在 Python 交互式解释器中输入 import this 就会显示 Tim Peters 的 The Zen of Python（《Python 之禅》），它描述了 Python 编程和设计的指导原则。要求：将《Python 之禅》保存成文本文件；编写函数，统计并输出文件中的单词数。

第 7 章

面向对象概述

本章概要

面向对象不仅仅是引入了一个编程的方式，更重要的是引入了一个编程的思想。"类"即一类事物，在面向对象编程中，一切事物都可以看作类，比如所有的车子可以组成车类。在Python中，类是对象，类的实例也是对象，模块是对象，函数也是对象……所有的一切都是对象。

学习目标

◎ 了解面向对象的概念。
◎ 了解面向对象三大基本特性。
◎ 了解类、模块和库的区别及应用。

Python 无处不对象，数据、函数、文件等都是对象，只有了解面向对象的基本思想，才能更好地了解Python，使用Python。

7.1 面向对象的概念

面向对象是最有效的软件编程方式之一。Python从设计之初就已经是一门面向对象的语言，很多读者此前肯定听说过Python"无处不对象"，然而他们并不知道对象到底是个什么东西。下面先介绍一下面向对象的基本概念。

1. 类和对象

"类"有属性和方法，属性即类的一些特点，比如车类中可以有颜色属性、质量属性等。类的方法即该类可以执行的功能，在编程中即类可以执行的代码，比如车类可以有启动、移动和停止等方法。类是对真实世界的一种抽象，把数据和代码都封装在了一起。

在其他编程语言中，类的实例即类的对象。实例是个体，而类是整体。实例是特定的一个，而类则是对所有实例的统称。

打个比方，小狗就是真实世界的一个对象，那么通常应该如何来描述这个对象呢？是不是把它分为两部分来说？可以从静态的特征来描述，例如，棕色的、有四条腿，10千克重。还可以从动态的行为来描述，例如，它会跑，会犬吠，还会咬人。这些都是从行为方面进行描述的。所以，对象=属性+行为。

Python中的对象也是如此，一个对象的特征称为"属性"，一个对象的行为称为"方法"。

Python一切都是对象，在前面几章的学习中，已经无形中使用对象很多次了，比如字符串。例如：

```
>>> 'hello world'.upper()
'HELLO WORLD'
```

字符串'hello world'就是一个对象，因此，可使用字符串对象的方法upper()实现字符串对象'hello world'的所有小写字母全部变为大写字母。

在面向对象编程中，'hello world'是一个内部 str 类的实例，而 upper 是 str 类中的一个方法。事实上，可以通过 __class__ 方法知道一个对象属于哪个类，如下所示：

```
>>> 'hello world'.__class__
<class 'str'>
>>> [1,2,3].__class__
<class 'list'>
```

2. 面向对象的基本概念

① 类（Class）：用来描述具有相同属性和方法的对象的集合。它定义了该集合中每个对象所共有的属性和方法。对象是类的实例。

② 类变量：类变量在整个实例化的对象中是公用的。类变量定义在类中且在函数体之外。类变量通常不作为实例变量使用。

③ 数据成员：类变量或者实例变量，用于处理类及其实例对象的相关数据。

④ 方法重写：如果从父类继承的方法不能满足子类的需求，可以对其进行改写，这个过程称为方法的覆盖（override），又称方法的重写。

⑤ 局部变量：定义在方法中的变量，只作用于当前实例的类。

⑥ 实例变量：在类的声明中，属性用变量来表示。这种变量称为实例变量，是在类声明的内部但是在类的其他成员方法之外声明的。

⑦ 继承：即一个派生类（derived class）继承基类（base class）的属性和方法。

7.2 类的定义

在面向对象编程中，编写一个抽象化事物的类，并基于类来创建对象，而每个对象都具有类的相同属性和方法。类的定义基本格式：

```
class 类名:
    属性定义
    方法定义
```

类使用class关键字创建，类的属性和方法被列在一个缩进块中。

【例7-1】创建一个能够通过缩放因子换算单位的类。

问题分析：设定类名为ScaleConverter。设定类的属性为两个换算单位和缩放因子。设定类的方法为一个是换算计算，另一个是类的信息描述。

程序代码：

```
class ScaleConverter:
    '''单位转换基类'''                                          #类说明文档
    def __init__(self,units_from,units_to,factor):              #构造函数
        self.units_from=units_from
        self.units_to=units_to
        self.factor=factor
    def description(self):
        return "Convert "+ self.units_from+" to "+self.units_to

    def convert(self,value):
        return value*self.factor
if __name__=='__main__':
    c1=ScaleConverter("inches","mm",25)                         #创建实例对象
    print(c1.description())
    print('converting 2 inches')
    print(str(c1.convert(2))+c1.units_to)
```

1. 类定义

第一行class ScaleConverter:明确了类名，表示定义了一个名称为 ScaleConverter 的类。最后的冒号（:）表示后面缩进的部分都是类的定义部分，直到缩进再次回到最左边为止。

在 ScaleConverter 中，有三个函数定义。这些函数都属于这个类，除非通过类的实例化对象使用，否则这些函数是不能使用的。这种属于类的函数称为方法。

2. 创建实例对象

类的实例化，在其他编程语言中一般用关键字 new，但是在 Python 中并没有该关键字，类的实例化类似函数调用方式。当 Python 创建一个类的新实例化对象时，会自动执行__init__()方法。__init__()方法是一种特殊的方法，被称为类的构造函数或初始化方法，当创建了这个类的实例时就会调用该方法。__init__中参数的数量取决于这个类实例化时需要提供多少个参数。例如：

```
c1=ScaleConverter('inches','mm',25)
```

这一行创建了一个 ScaleConverter 的实例化对象，指定了三个参数，表明要将什么单位转换成什么单位，以及转换的缩放因子。__init__()方法必须包含所有参数，而且必须把 self 作为第一个参数。参数 self 指的是对象本身。__init_() 方法实现了类属性的赋值，例如：

```
self.units_from=units_from
self.units_ to=units_to
self.factor=factor
```

其中每一句都会创建一个属于对象的变量，这些变量的初始值都是通过参数传递到init内部的。

总体来说，当创建一个 ScaleConverter 新对象时，Python会将 ScaleConverter 实例化，同时将'inches'、'mm' 和 25 赋值给 self.units_from、self.units_to 和 self.factor 这三个变量。

3. Python内置类属性和方法

（1）内置属性

在Python中，内置类属性是指只要新建了类，系统就会自动创建的属性。下面讲解一下这

些自带的属性。例如：

```
>>> a=int(10)                    #创建了整型类实例对象a
>>> dir(a)                       #显示内置属性和方法
['__abs__','__add__','__and__','__bool__','__ceil__','__class__',
'__delattr__','__dir__','__divmod__','__doc__','__eq__','__float__',
'__floor__','__floordiv__','__format__','__ge__','__getattribute__',
'__getnewargs__','__gt__','__hash__','__index__','__init__','__init_
subclass__','__int__','__invert__','__le__','__lshift__','__lt__',
'__mod__','__mul__','__ne__','__neg__','__new__','__or__','__pos__',
'__pow__','__radd__','__rand__','__rdivmod__','__reduce__','__reduce_
ex__','__repr__','__rfloordiv__','__rlshift__','__rmod__','__rmul__',
'__ror__','__round__','__rpow__','__rrshift__','__rshift__','__rsub__',
'__rtruediv__','__rxor__','__setattr__','__sizeof__','__str__','__sub__',
'__subclasshook__','__truediv__','__trunc__','__xor__','bit_length','conjugate',
'denominator','from_bytes','imag','numerator','real','to_bytes']
>>> a.__doc__                    #实例对象a的解释文档
"int([x])->integer\nint(x,base=10)->integer\n\nConvert a number or string
to an integer,or return 0 if no arguments\nare given.If x is a number,return
x.__int__().For floating point\nnumbers,this truncates towards zero.\n\nIf
x is not a number or if base is given,then x must be a string,\nbytes,or
bytearray instance representing an integer literal in the\ngiven base.The
literal can be preceded by '+' or '-' and be surrounded\nby whitespace.The
base defaults to 10.Valid bases are 0 and 2-36.\nBase 0 means to interpret
the base from the string as an integer literal.\n>>> int('0b100',base=0)\n4"
>>> a.__str__                    #实例对象a的字符串化
<method-wrapper '__str__' of int object at 0x000007FBD6ACE470>
>>> a.__class__                  #显示实例对象a所在的类
<class 'int'>
__dict__:类的属性（包含一个字典，由类的数据属性组成）

>>> c1=ScaleConverter("inches","mm",25)   #自定义类的实例对象创建
>>> ScaleConverter.__name__
'ScaleConverter'
>>> c1.__doc__                   #对象文档属性
'单位转换基类'
```

下列代码中也体现了类内置属性的应用：

```
if __name__=='__main__':
    c1=ScaleConverter("inches","mm",25)   #创建实例对象
    print(c1.description())
    print('converting 2 inches')
    print(str(c1.convert(2))+c1.units_to)
```

当直接执行当前程序时，__name__=='__main__'的值为True，而如果运行从另外一个.py文件中通过import 导入当前文件中的函数时，__name__的值就是所导入的py文件的名字，而不是'__main__'。所以常以if __name__=='__main__':作为当前程序的入口，从而避免外部模块的干扰。

（2）内置方法

除了内置属性，还有内置方法（函数）实现对类不同的操作。前面创建类时，已经使用了__init__ (self [,args...])方法（其他编程语言中为构造函数）实现对类的实例化，有时会调用该方

法实现类的初始化工作。除此之外还有很多内置函数,实现了不同操作。例如:

① __str__(self)方法。用于将对象转为字符串,可以直接使用print语句输出对象,也可以通过函数str()触发__str__()的执行,简单的调用方法为:

```
str(obj)
```

例如:

```
>>> c1=ScaleConverter("inches","mm",25)
>>> print(c1)        #打印的是对象的来源以及对应的内存地址
<__main__.ScaleConverter object at 0x0000006C228EEBE0>
>>> str(c1)
'<__main__.ScaleConverter object at 0x0000006C228EEBE0>'
```

② __del__(self)方法。析构方法,删除一个对象,当对象在内存中被释放时,自动触发执行。简单的调用方法为:

```
 del obj
```

7.3 面向对象的特征

7.3.1 封装

在程序设计中,封装(encapsulation)是对具体对象的一种抽象,即将某些部分隐藏起来,在程序外部看不到,其含义是其他程序无法调用。要了解封装,离不开"私有化",就是将类或者函数中的某些属性限制在某个区域之内,外部无法调用。

类的属性和方法通过一定的方式赋予访问权限,这就是类的封装。Python中用成员变量的名字区分是公有成员变量还是私有成员变量,在Python中,以"__"开头的变量都是私有成员变量,而其余的变量都属于公有成员变量,其中,私有成员变量只能在类的内部访问,而公有成员变量可以在类的外部进行访问。

① 单下划线(_)开头:只是表明是私有属性,外部依然可以访问更改。
② 双下划线(__)开头:外部不可通过instancename.propertyname访问或者更改。

1. 数据封装

数据封装的主要原因是保护数据隐私,不直接被外部函数使用,但需要提供外部获取数据的接口。比如7.2中定义的类ScaleConverter就封装了存储数据(如三个变量)以及 description()、convert()等对数据的操作方法。

【例 7-2】定义一个类,理解数据封装的含义。

问题分析:定义一个员工类Employee,其中包含了empCount 类变量,其值将在该类的所有实例之间共享。可以在内部类或外部类使用 Employee.empCount 访问。还有两个内部数据变量name、salary,访问这些数据时,可通过对象直接调用,也可通过self间接调用。

程序代码:

```
class Employee:                    #所有员工的基类
    empCount=0                     #类变量
    def __init__(self, name, salary):
```

```
            self.name=name
            self.salary=salary
            Employee.empCount+=1
    def displayCount(self):
        print("Total Employee: %d"%Employee.empCount)
    def displayEmployee(self):
        print("Name:",self.name, ",Salary:",self.salary)

Tomy=Employee("Tony",3500)
Tomy.displayEmployee()
Tomy.displayCount()
```

2. 方法封装

方法的封装主要原因是隔离复杂度。比如电视机，人们看见的就是一个匣子，其实里面有很多电器元件，对于用户来说，不需要清楚里面都有哪些元件，电视机把哪些电器元件封装在匣子里，提供给用户的只是几个按钮接口，通过按钮就能实现对电视机的操作。

类的方法分实例方法、类方法和静态方法。

实例方法是对类行为的封装。实例方法也分为公有方法和私有方法。私有方法只能通过实例名在类的内部进行访问。而公有方法可以在类的外部通过实例名进行访问。一般实例方法的第一个参数必须是代指类实例对象（一般常用self，实际上可以是任何自定义的名字，只不过self是约定俗成的用法），这样实例方法就可以通过self访问实例的成员函数和数据。

同属性的封装一样，公有成员函数和私有成员函数也是通过名字来区分的，__开头的函数是私有成员函数。

类方法和静态方法通常使用装饰器@classmethod和@staticmethod来描述。

类方法能够直接通过类名进行调用，也能够被对象直接调用。类方法的第一个参数代表类本身，一般用cls，当然也可以用其他名字。

静态方法相当于类层面的全局函数，可以被类直接调用，可以被所有实例化对象共享，静态方法没有self参数和cls参数。

【例 7-3】 定义ATM机类，理解方法的封装。

问题分析：ATM取款是ATM机的一个功能，而这个功能由很多子功能组成：插卡、密码认证、输入金额、打印账单、取钱。对使用者来说，只需要知道取款这个功能即可，其余功能都可以隐藏起来，很明显这么做隔离了复杂度，同时也提升了安全性。程序中其他子功能函数都是私有函数定义方式，外部不可直接访问。只能通过使用withdraw(self)函数，实现取款的功能。

程序代码：

```
class ATM:
    def __card(self):#私有函数
        print('插卡')
    def __auth(self):
        print('用户认证')
    def __input(self):
        print('输入取款金额')
    def __print_bill(self):
        print('打印账单')
    def __take_money(self):
```

```
            print('取款')
        def withdraw(self):
            self.__card()
            self.__auth()
            self.__input()
            self.__print_bill()
            self.__take_money()
a=ATM()
a.withdraw()
```

【例7-4】 类方法使用示例。
程序代码：

```
class Color(object):
    __count=0
    def __init__(self,r,g,b):
        self.__color=(r,g,b)
        Color.__count+=1
    def value(self):
        return self.__color
    @classmethod
    def Count(cls):
        return cls.__count
    @classmethod
    def Name(cls):
        return cls.__name__

class Red(Color):
    def __init__(self,r,g,b):
        Color.__init__(self,r,g,b)
class Green(Color):
    def __init__(self,r,g,b):
        Color.__init__(self,r,g,b)
class Blue(Color):
    def __init__(self,r,g,b):
        Color.__init__(self,r,g,b)

red=Red(255,0,0)
green=Green(0,255,0)
blue=Blue(0,0,255)

print('red=',red.value())
print('green=',green.value())
print('blue =',blue.value())
print('Color count =',Color.Count())
print('Color name =',Color.Name())
```

运行结果：

```
red=(255,0,0)
green=(0,255,0)
blue=(0,0,255)
```

```
Color count=3
Color name=Color
```

7.3.2 类的继承

继承描述的是一种类间关系，当定义一个类的时候，可以从某个现有的类继承，新的类称为子类或派生类，而被继承的类称为基类、父类或超类，如果在继承元组中列了一个以上的类，那么它就被称作"多重继承"。子类可以使用父类的成员（成员变量、成员方法）。就像真实世界中，人往往会从他的父辈或祖辈中继承一些特征一样，比如卷发、高个子等。面向对象编程带来的主要好处之一是代码重用，实现这种重用的方法之一是通过继承机制。

【例7-5】 理解类的继承：定义一个游戏类，以及物品类。

问题分析：建一个类，命名为GameObject。GameObject类有name等属性（如钱币、帽子或苹果）和pick()等方法（实现把物品增加到玩家的物品集合中）。所有游戏对象都有这些共同的方法和属性。

游戏中玩家一路上可以捡起不同的东西，比如食物、钱或衣服，可以为食物建立一个子类。Food类从GameObject类派生。它要继承GameObject的属性和方法，所以Food类会自动有一个name属性和pick()方法。Food类还需要一个Carlo（食物的热量值）和Eat()方法（可以食用）。

程序代码：

```
class GameObject:                                    #定义父类
    def __init__(self,name):
        self.name=name
    def pick(self,player):
        print(player,"pick it")
        pass

class Food(GameObject):                              #定义子类
    def __init__(self,name,carlo):
        GameObject.__init__(self,name)               #继承父类的初始化方法，并补充新内容
        self.carlo=carlo
    def Eat(self,player):                            #增加新方法
        print(player,"eat it")
        pass

apple=Food('apple',20)
apple.Eat('wang')                                    #使用子类的方法
apple.pick('wang')                                   #使用父类的方法
```

如果父类方法的功能不能满足需求，可以在子类重写父类的方法，即在子类中如果有和父类同名的方法，则通过子类实例调用方法时会调用子类的方法而不是父类的方法，这个特点称为方法的重写。

【例7-6】 利用方法重写，在游戏的食物类中重新定义pick()方法。

程序代码：

```
class GameObject:
    def __init__(self,name):
        self.name=name
```

```
        def pick(self,player):
            print(player,"pick it")
            pass
class Food(GameObject):
    def __init__(self,name,carlo):
        GameObject.__init__(self,name)
        self.carlo=carlo
    def pick(self,player):                  #父类方法重写
        print(player,"eat it")
        pass

apple=Food('apple',20)
object1=GameObject('coin')
apple.pick('wang')                          #调用子类方法
object1.pick('zhang')                       #调用父类方法
```

【例 7-7】多重继承示例。

程序代码：

```
class Animal(object):
    def run(self):
        print('动物在跑...')
class Bird(object):
    def run(self):
        print('鸟在飞...')
class Dog(Animal):
    def run(self):
        print('狗在跑...')
class Cat(Bird,Animal):
    pass
dog=Dog()
cat=Cat()
dog.run()
cat.run()
```

运行结果：

```
狗在跑...
鸟在飞...
```

从上面的运行结果可以看出，在多重继承中，调用父类继承的方法时，按继承顺序从左向右遍历查找函数。

7.3.3 多态性

一个对象具有多种形态，在不同的使用环境中以不同的形态展示其功能，称该对象具有多态特征。多态指对于不同的类，可以有同名的两个或多个方法。取决于这些方法分别应用到哪个类，它们可以有不同的行为。多态通常发生在继承关系的基础之上。

【例 7-8】创建一个Person类，该类有一个实例属性name，Person类派生出学生类Student和教师类Teacher，学生类有实例属性成绩score，教师类有实例属性course，这三个类都写了showme()方法。

程序代码：

```python
class Person(object):
    def __init__(self,name):
        self.name=name
    def showme(self):
        return f'我是一个人，我的名字是{self.name}'

class Student(Person):
    def __init__(self,name,score):
        super(Student,self).__init__(name)
        self.score=score
    def showme(self):
        return f'我是一个学生，我的名字是{self.name}'

class Teacher(Person):
    def __init__(self,name,course):
        super(Teacher,self).__init__(name)
        self.course=course
    def showme(self):
        return f'我是一个老师，我的名字是{self.name}'

def showme(x):
    print(x.showme())
```

函数showme(x)，参数x是一个变量，该变量可能是Person、Student、Teacher的实例，也可能是其他类型，函数功能是调用变量x的showme()函数，并把结果打印出来。

```python
p=Person('张三')
s=Student('李四',88)
t=Teacher('王五','python')

showme(p)
showme(s)
showme(t)
```

运行结果：

```
我是一个人，我的名字是张三
我是一个学生，我的名字是李四
我是一个老师，我的名字是王五
```

Student和Teacher继承了Person类，所以Student和Teacher都有两个showme()函数，在调用该函数时，当传入参数是Student类的实例时，则调用Student的showme()函数，这就是类的多态性，当派生类继承了父类函数，并且又定义了同名函数，那么，该函数会屏蔽掉父类的同名函数，这就是继承的覆盖（override）现象。

当传入的参数x是Student类实例时，它检查自己有没有定义showme()函数，如果定义了showme()函数，那么调用自己的showme()函数，如果没有定义，则顺着继承链向上查找，直到在某个父类中找到为止。

由于Python是动态语言，所以，传递给函数showme(x)的参数x不一定是Person或Person的子类型。任何数据类型的实例都可以，只要它有一个showme()的方法即可：

```
class Duck(object):
    def showme(self):
        return '我是一只鸭子'

d=Duck()
showme(d)
```

动态语言调用实例方法，不检查类型，只要方法存在，参数正确，就可以调用。

7.3.4 运算符重载

在Python语言中提供了类似于C++的运算符重载功能，以下为Python可用于运算符重载的方法如：__init__构造函数、__del__析构函数、__add__加、__or__或、__repr__打印转换、__str__打印转换、__call__调用函数、__getitem__索引、__len__长度、__lt__小于、__eq__等于、__iter__迭代等。

【例7-9】减法重载示例。

程序代码：

```
class Number:
    def __init__(self,start):
        self.data=start
    def __sub__(self,other):                    #减法方法
        return Number(self.data-other)
number=Number(20)
y=number-10                                     #invoke __sub__ method
print(y.data)
print(type(y))
```

运行结果：

```
10
<class '__main__.Number'>
```

【例7-10】索引重载示例。

程序代码：

```
class indexer:
    def __getitem__(self,index):                #索引重载
        return index**2
X=indexer()
for i in range(5):
    print(X[i],end=',')
```

运行结果：

```
0,1,4,9,16,
```

【例7-11】迭代重载示例。

程序代码：

```
class Squares:
    def __init__(self,start,stop):
        self.value=start-1
        self.stop=stop
```

```
        def __iter__(self):
            return self
        def __next__(self):
            if self.value==self.stop:
                raise StopIteration
            self.value +=1
            return self.value**2

square=Squares(1,5)
for i in square:
    print(i,end=' ')
print("")
```

运行结果：

```
1 4 9 16 25
```

7.4 类、模块和库包

Python库是指Python中完成一定功能的代码集合，供用户使用的代码组合类似于C语言中的函数库文件的概念。在Python中是包和模块的形式，是一个抽象的概念。

类可看成是一堆代码而已，对于一个小程序，可能会将多个类定义在一个py文件中，可以直接在文件末尾添加一些代码开始使用这些类。

但随着项目的增大，为了修改一个类，而在众多已定义好的类中去寻找，就非常困难。这时模块的概念就出来了。模块就是简单的py文件，一个简单的文件在我们的程序中就是一个模块。两个py文件就可以当成两个模块。如果两个文件在同一个文件夹中，就可以从一个模块中装载类，在另一个模块中使用。例如Converters.py文件中定义了一个类，在另一个文件test.py文件中去使用这个模块，可采用import命令。import命令用来从某模块中导入模块或特殊类或函数。例如：

```
import Converters
C1=converters.ScaleConverter('inches','mm',25)
```

当模块有多个类时，如果只想导入其中一个类，或者导入其中某一个函数时，可采用另一个导入方式：

```
from Converters import ScaleConverter
```

【例7-12】 建立两个计算几何图形面积的类，并进行类的测试，以及模块运用演示。

问题分析：这里创建两个类，一个Triangle类，代表三角形，一个Square类，代表正方形。其中都有一个名为getArea()的方法，实现面积计算。但这个方法对于不同的实例对象，所做的计算是不同的，Triangle实例完成的是底乘高除以2，Square实例完成的是边长乘边长。将计算几何图形面积的两个类放置在一个AREA.py文件（见图7-1）中，然后新建一个程序test.py（见图7-2），调用模块中的三角形类，对三角形求面积。

可通过import AREA命令导入模块，并采用AREA.Triangle(2,3)方法调用其中的类，也可以用from AREA import Triangle导入具体的某一个或多个类，在后面代码使用时，就不需要添加模块的名字，直接使用类。例如：

```
from AREA import Triangle
```

```
a=Triangle(2,3)
print(a.getArea())
```

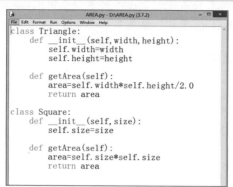

图7-1　AREA.py

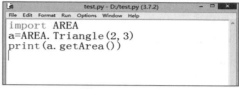

图7-2　test.py

当项目中模块越来越多时，则需要更高水平层次的抽象概念对其进行管理，这时就出现了"库包"，库包就是一个具有多个模块的文件夹的描述，即用文件夹名字作为一个库的名字。需要将这种文件夹和其他普通文件夹区分开来，则在文件夹中必须放置一个文件（甚至是空文件），名字为__init__.py。示意图如图7-3所示。

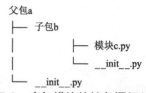

图7-3　库与模块的抽象逻辑关系

习　　题

一、单选题

1. 在一个对象销毁时，可以通过（　　）函数释放资源。
   A. __del__　　　B. __str__　　　C. __init__　　　D. __new__
2. 以下说法错误的是（　　）。
   A. 子类可以有多个父类　　　　　　B. 子类可以有多个派生类
   C. 子类可以访问父类的所有方法　　D. 父类的抽象性应该高于子类的抽象性
3. 以下（　　）不是Python面向对象的基本特性。
   A. 继承性　　　B. 多态性　　　C. 封装性　　　D. 模块化
4. Python中用来定义类的关键字为（　　）。
   A. def　　　B. class　　　C. for　　　D. while
5. 有以下类的定义：
```
class Car(object):
    def __init__(self,w,d):
        self.wheels=w
        self.doors=d
        self.color=""
```
下列可以实现一个新的Car对象，具有5个轮子，3个门的语句是（　　）。
   A. Car(mycar, 5, 3)　　　　　　B. mycar=Car(5, 3, "white")
   C. mycar=Car(5, 3)　　　　　　D. mycar=Car(3, 5)

二、程序填空题（请在空白处补充完整程序代码，使其实现功能）

1. 程序功能:定义一个 Person 类，使用 Person 类创建一个 may 对象后添加 company 属性，值是"阿里巴巴"；创建一个 wj 对象，添加 company 属性，值是"万达集团"。并输出两个对象的 company 属性。

【代码】

```
#Person类
class Person(object):
    pass
#may对象
may=Person()
may.company="阿里巴巴"

#wj对象
wj=Person()
    (1)


#输出
print(may.company)
print(   (2)   )
```

2. 程序功能:创建一个学生类,属性有姓名、年龄、学号;方法为展示学生信息(自我介绍)。

【代码】

```
class student:
    name=''
    age=0
    stu_num=0
    def __init__(   (1)   ,name,age,stu_num):
        self.name=name
        self.age=age
        self.stu_num=stu_num
    def introduce(self):
        print('大家好,我叫%s,今年%d岁,我的学号是:%d'%(   (2)   ,))

stu01=student('张三',24,202006216)
stu01.   (3)
```

三、编程题

1. 摄氏度到华氏度的转换公式如下:

$$华氏度 = 摄氏度 \times 1.8 + 32$$

转换中除缩放因子（1.8）之外，还需要一个偏移量（32）。请利用类的继承特性，创建一个温度转换的新类。

2. 创建一个模块，实现计算不同几何图形的面积和周长。

第 8 章

程序调试与异常处理机制

本章概要

程序调试，主要用于程序设计阶段出错情形的纠错。而异常处理机制，主要用于对程序运行时出现的一些意外情形的预防和处理机制。

本章讲解了语法错误、逻辑错误和运行错误（又称异常）的产生原因、表现形式、通用的纠错方法。对于语法错误的改正，关键在于掌握相关语句的语法。对于逻辑错误的改正，主要是算法上，也就是程序设计思路上的改正。对于运行错误的改正，在于掌握Python语言语法规则、熟悉常见异常类型的基础上，结合错误提示可快速定位并纠错。本章介绍基于Python的IDLE开发平台的程序调试工具及调试方法，这是调试逻辑错误的利器。

针对因用户原因或程序运行现场环境等因素可能引起的异常，在程序设计时应进行相应的考虑和处理，以保证程序正常运行，提高程序的健壮性。本章讲解了在程序设计中针对用户端可能出现异常处理方法：规避出现异常以及对出现的异常的捕获处理机制try-except语句结构。还讲解了抛出指定异常的raise语句，以及用于预防性地触发固定的AssertionError异常的assert断言。

学习目标

◎ 理解并掌握三种程序错误的产生原因及调试方法。
◎ 了解程序异常的处理方法。

程序编写和测试执行过程中的报错是程序设计中频繁会遇到的问题，学会调试纠错是程序设计者必须要掌握的能力。

8.1 程序调试

编写完程序代码后，运行时难免会出错，这就需要纠错，也就是进入程序调试修改阶段。一个程序的开发过程中，常会经过执行测试-调试修改的多次反复。学会调试纠错是程序设计者必须掌握的能力。Python程序的错误分为语法错误、逻辑错误、运行错误（又称异常）。

视频

程序调试

8.1.1 语法错误

Python 的语法错误又称解析错误，是在程序设计中不符合Python的语法规则引起的。相对比较好检测和纠错，因为当程序中有语法错误时，程序运行会直接停止，并给出错误提示。图8-1所示为Python IDLE集成开发平台的程序编辑模式下运行程序时语法分析器给出的语法错误对话框提示并以红色背景标示出错误位置。

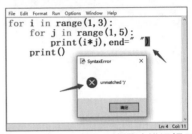

图8-1　Python IDLE的语法错误提示

注意纠错时有时需要根据提示再结合自己的分析判断，例如提示的错误之处有可能是前一行代码引起的。

8.1.2 逻辑错误

逻辑错误是由算法不正确引起的运行结果不正确。一般程序可以正常运行，只是结果出错，因为无错误提示，纠错会烦琐些，需要理清程序设计思路和逻辑关系。

虽然烦琐，多数集成开发平台都提供了程序调试工具用来观察程序的运行过程，以及运行过程中变量（局部变量和全局变量）值的变化等，帮助用户快速找到引起运行结果异常的原因，提高解决逻辑错误的效率。下面介绍如何利用Python的IDLE集成开发平台的调试工具调试Python程序。

在保证程序没有语法错误的前提下，使用IDLE调试程序的基本步骤如下：

① 打开 Python Shell，即交互模式，选择Debug → Debugger命令（见图8-2），弹出 Debug Control 对话框，同时Python Shell 窗口中显示[DEBUG ON]，表示已经处于调试状态，如图8-3所示。

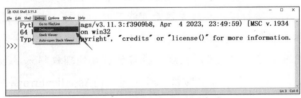

图8-2　选择Debugger命令

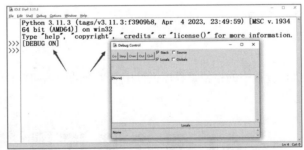

图8-3　进入调试状态

② 选择File → Open命令（见图8-4），打开要调试的程序文件，向程序中需要测试的代码添加断点。断点的作用是，当程序执行至断点位置时，会暂停执行，用于跟踪观察程序运行到当前状态时变量（局部变量和全局变量）值的变化。

添加断点的方法是：在想要添加断点的行上右击，在弹出的快捷菜单中选择Set BreakPoint

命令。添加了断点的代码行其背景会变成黄色。可以同时在程序中多个位置添加断点。

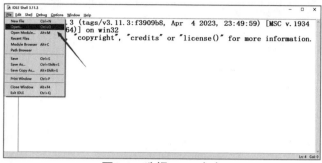

图8-4　选择Open命令

删除已添加断点的方法是：选中已添加断点的行并右击，在弹出的快捷菜单中选择Clear Breakpoint命令，如图8-5所示。

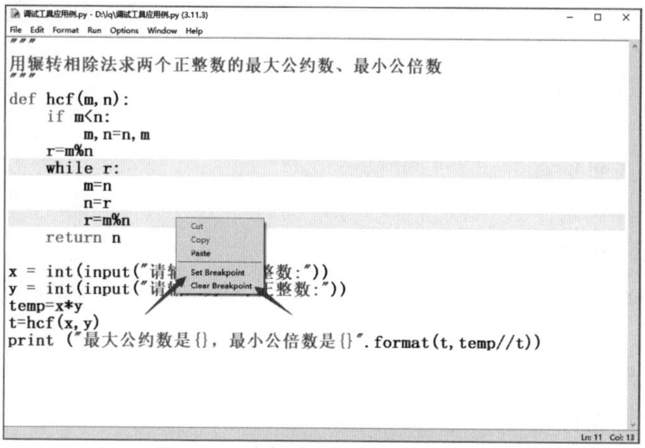

图8-5　给程序添加或删除断点

③ 添加完断点之后，在打开的程序文件中选择Run → Run Module命令执行程序（见图8-6），这时Debug Control 对话框中将显示初始进入程序调试状态时程序的执行信息（注意此时还未运行到断点）。勾选Globals复选框，将显示全局变量，Debug Control默认只显示局部变量，如图8-7所示。

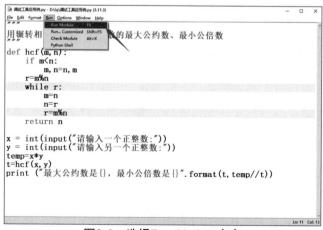

图8-6　选择Run Module命令

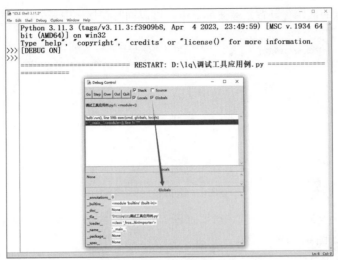

图8-7 程序调试初始状态

以下是Debug Control对话框中各选项的说明：

- Stack：显示堆栈调用层次；
- Locals：查看局部变量；
- Source：跟进源代码；
- Globals：查看全局变量。

④ 在Debug Control对话框中，应用调试工具栏中各按钮进行相应的程序测试。以下是各调试按钮的功能：

- Go：运行至断点处暂停，若未设置断点则直接运行至结束；
- Step：逐句运行调试，若遇到函数会进入；
- Over：逐过程调试，遇到函数不会进入；
- Out：若正在函数中运行，退出该函数；
- Quit：直接结束此次调试。

图8-5所示为单击Go按钮运行至断点时的程序调试状态。

图8-8 运行至断点时的程序调试状态

通过应用调试工具栏中的5个按钮，可以跟踪查看程序执行过程中各个变量值的变化，直至程序运行结束。

⑤ 程序调试完毕后，可以关闭Debug Control窗口，此时在Python Shell窗口中将显示[DEBUG OFF]，表示已经结束调试，如图8-9所示。

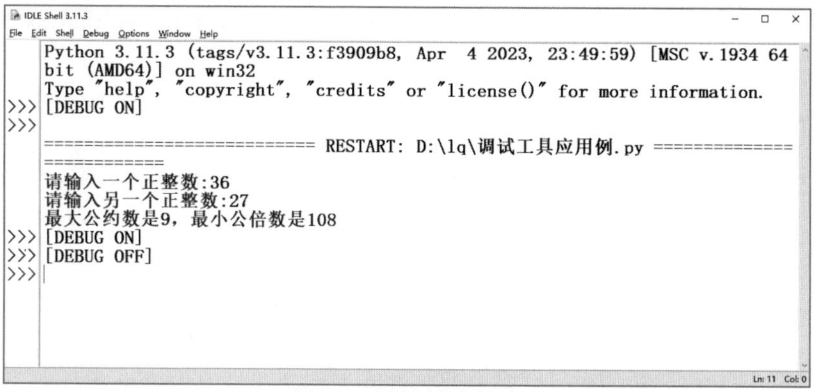

图8-9 调试结束状态

8.1.3 运行错误（异常）

即便Python程序的语法是正确的，在运行程序时，也有可能报错。这类运行期间检测到的错误称为运行错误，又称异常。当程序运行时，发生了未处理的异常，Python将终止执行程序，并以堆栈回溯（traceback，又称向后追踪）的形式在Python Shell窗口中给出错误提示信息。

【例8-1】执行下面程序，观察显示的运行错误信息。

程序代码：

```
while True:
    print(a)
```

程序运行中断并显示错误提示信息：

```
Traceback(most recent call last):
    File "D:/lq/test1.py",line 2,in <module>
        print(a)
NameError:name 'a' is not defined
```

一般来说，异常的错误提示信息包括三部分：

① traceback 出错的向后追踪信息，即定位信息，包括指出是哪个文件的哪一行代码抛出了错误，上面第2行错误信息就是定位信息。

② 错误的类型：指出该错误属于哪一类型。上面第4行中冒号前面的NameError就是错误的类型。

③ 错误描述：指出具体出现了什么错误。上面第4行中冒号后面的，就是错误描述。常见的异常类型、说明及举例见表8-1（忽略了traceback的定位信息部分）。

表 8-1 Python 常见的异常类型

异常类型	说明	举例

NameError	尝试访问一个未定义的变量时引发此异常	`>>> liu`
		`Traceback (most recent call last):`
		`  File"<pyshell#1>", line 1, in <module>`
		`    liu`
		`NameError: name 'liu' is not defined`

TypeError	不同类型数据之间的无效操作时引发此异常	`>>> 1+"student"`
		`Traceback (most recent call last):`
		`  File "<pyshell#2>", line 1, in <module>`
		`    1+"student"`
		`TypeError: unsupported operand type(s) for +: 'int' and 'str'`

ValueError	当操作或函数接收到具有正确类型但值不合适的参数的情况时引发此异常	`>>> int("hello")`
		`Traceback (most recent call last):`
		`  File "<pyshell#3>", line 1, in <module>`
		`    int("hello")`
		`ValueError: invalid literal for int() with base 10: 'hello'`

AttributeError	当试图访问的对象属性不存在时抛出的异常	`>>> demo_list = ["liu"]`
		`>>> demo_list.len`
		`Traceback (most recent call last):`
		`  File "<pyshell#5>", line 1, in <module>`
		`    demo_list.len`
		`AttributeError: 'list' object has no attribute 'len'`

IndexError	索引超出序列范围会引发此异常	`>>> demo_list = ["liu"]`
		`>>> demo_list[3]`
		`Traceback (most recent call last):`
		`  File "<pyshell#7>", line 1, in <module>`
		`    demo_list[3]`
		`IndexError: list index out of range`

KeyError	字典中查找一个不存在的关键字时引发此异常	`>>> demo_dict={"name":"liu"}`
		`>>> demo_dict["age"]`
		`Traceback (most recent call last):`
		`  File "<pyshell#9>", line 1, in <module>`
		`    demo_dict["age"]`
		`KeyError: 'age'`

续表

异常类型	说 明	举 例

FileNotFound-Error	找不到文件时引发此异常	`>>> f=open("name1.txt","r") # 当前文件夹中 name1.txt 不存在`
		`Traceback (most recent call last):`
		`  File "<pyshell#11>", line 1, in <module>`
		`    f=open("name1.txt","r") # 当前文件夹中 name1.txt 不存在`
		`FileNotFoundError: [Errno 2] No such file or directory: 'name1.txt'`

ZeroDivision-Error	除法运算中除数为0引发此异常	`>>> b = 1/0`
		`Traceback (most recent call last):`
		`  File "<pyshell#12>", line 1, in <module>`
		`    b = 1/0`
		`ZeroDivisionError: division by zero`

Unbound-LocalError	试图访问函数或方法中的局部变量，但却没有先定义此变量（没有先把值分配给它）时引发此异常	`>>> def add(a, b):`
		`...     print(total)`
		`...     total = a + b`
		`>>> add(1,2)`
		`Traceback (most recent call last):`
		`  File "<pyshell#21>", line 1, in <module>`
		`    add(1,2)`
		`  File "<pyshell#20>", line 2, in add`
		`    print(total)`
		`UnboundLocalError: cannot access local variable 'total' where it is not associated with a value`

AssertionError	当assert关键字后的条件为假时，程序运行会停止并抛出断言异常	`>>> assert 2>6`
		`Traceback (most recent call last):`
		`  File "<pyshell#23>", line 1, in <module>`
		`    assert 2>6`
		`AssertionError`

通过表8-1中对常见异常类型的说明、实例及中断报错时的具体错误描述提示，可以协助用户快速找到程序中对应错误原因并予以纠错。与语法错误的纠错类似，注意纠错时用户需要根据提示再结合自己的分析进行判断。例如，提示的错误之处有可能是前一行代码引起的。

8.2 程序异常处理

因为用户原因或程序运行现场环境等因素也可能引起程序运行异常，中断程序的运行并报错，对此必须做一些处理，以让程序可以继续运行下去并给出相应提示，增强程序的健壮性和人机交互的友好性，称为异常处理。

针对因用户原因或程序运行现场环境等因素可能引起的异常，在程序设计时可以先做预判断再利用分支结构以规避异常的出现。或者通过加入异常处理机制捕获程序运行过程中产生的异常,进行相应的处理,以保证程序的正常运行。

8.2.1 规避出现异常

可以利用if语句分支结构对产生异常情形的条件进行判断并作为分支处理以规避异常的出现。

先分析可能出现的异常情形,在程序设计阶段通过使用if语句分支结构区分出异常执行流程和正确执行流程,从而避免程序在执行时因出现异常而意外中断。使用分支结构进行异常处理的关键是分析出异常的产生条件或正确流程的约束条件,以便应用到if语句的分支条件中。

【例 8-2】编程实现:用户输入摄氏温度值,转换成华氏温度。摄氏度转换为华氏度的公式为

$$°F = 9 × °C/5 + 32$$

问题分析:

本例程序可通过if语句的分支结构对用户输入的数据进行有效性判断,如果用户输入的字符串包含除"."外的非数字形字符、"."在字符串头尾、"."多于一个,则执行提醒用户"输入错误!"的分支。从而确保执行转换华氏温度功能的程序代码分支的用户输入数据可正确转换为浮点数,避免出现异常报错而导致程序中断执行。

程序代码:

```
c=input("请输入摄氏温度值:")
if(not c.replace('.','').isdigit()) or c.count(".")>1 or(c.count(".")==1 and c.strip(".")!=c):
    print("输入错误!")
else:
    f=float(c)*9/5+32
    print("{}℃对应的华氏温度为{} °F".format(c,f))
```

8.2.2 捕获程序异常:try-except-else-finally

可以利用异常处理机制try-except对程序执行时出现的异常进行捕获并执行相应的处理。

1. try-except语句结构

语法:

```
try:
    <可能产生异常的代码块>
except Error1 [as e1]:
    <发生Error1异常时的处理代码块>
[except Error2 [as e2]:
    <发生Error2异常时的处理代码块>
except (Error3,Error4,...) [as e3]:
    <发生Error3,Error4,... 各异常时的处理代码块>
    ...
except [Exception [as en]]:
    <发生其他异常时的处理代码块>]
```

实现的功能：

① 首先执行try中的代码块，如果执行过程中出现异常，系统会自动生成一个异常类型，并将该异常提交给Python解释器，此过程称为捕获异常。

② 当Python解释器收到异常对象时，会寻找能处理该异常对象的except块，如果找到合适的except块，则把该异常对象交给该except块处理，该过程称为处理异常。如果Python解释器找不到处理异常的except块，则程序运行终止，Python解释器也将退出。如果程序发生的异常经try捕获并由except处理，则程序可以继续执行。

③ 当函数执行出现异常，会将异常传递给函数的调用一方，如果传递到主程序，仍然没有异常处理，程序才会被终止。这个过程称为异常的传递。

注意：

① try 块有且仅有一个，但 except 代码块可以有多个，且每个 except 块都可以同时处理多种异常。

② 只有这个异常在 except 语句的异常列表中，才会被捕捉，而且只针对对应 try 子句中的异常。except 中的处理语句可以为空，系统也会认为该异常被处理了。

③ 只执行最先匹配的一个 except 分支，之后若还有匹配分支则不执行了。

各部分的含义如下：

- Error1、Error2、Error3 和 Error4…都是具体的异常类型。常用的异常类型见表8-1。一个 except 块可以处理一种或多种异常。
- 各个except分支后都可加参数"as 标识符"，表示给异常类型起一个别名，别名中存放着产生异常的信息。这样做的好处是方便在except块中调用产生的异常信息，例如提示给用户。也可以用通俗易懂的方式提示用户。
- except [Exception [as en]]分支中的Exception又称通配异常，代指程序可能发生的所有异常情况，其通常用在最后一个except块。Exception可省略。若省略了则不可加别名。
- 语法中，[] 括起来的部分表示可以省略。

注意：

语法上的错误与异常处理无关，必须在程序运行前就修正。

【例 8-3】编程实现：由用户输入两个数，进行除法运算。

问题分析：本例利用对try块中代码段可能产生的两个确定异常ValueError和ZeroDivisionError进行了捕获并提示。对可能产生的不明确的其他异常也进行捕获并利用别名参数显示产生的异常信息。用以防止程序执行过程中产生的异常引起程序执行中断。

程序代码：

```
try:
    value1=int(input("输入被除数："))
    value2=int(input("输入除数："))
    result=value1 / value2
    print("您输入的两个数相除的结果是:",result)
except ValueError:
```

```
        print('必须输入整数')
except ZeroDivisionError:
        print('除数不能为 0')
except Exception as e:
        print("程序发生了异常:",e)
print("谢谢您的参与！")
```

2. try-except-else语句结构

在原本的try-except结构的基础上，Python异常处理机制还提供了一个else分支。

语法：

```
try:
        <可能产生异常的代码块>
except <Error1> [as <e1>]:
        <发生Error1异常时的处理代码块>
[except <Error2> [as <e2>]:
        <发生Error2异常时的处理代码块>
except (<Error3>,<Error4>,...) [as <e3>]:
        <发生Error3,Error4,... 各异常时的处理代码块>
        ...
except [Exception [as <en>]]:
        <发生其他异常时的处理代码块>]
else:
        <没有异常时执行的代码块>
```

实现的功能：

只有当try块没有捕获到任何异常时，才会执行else分支的代码块。这通常用于try中的代码段执行成功后的操作。

【例8-4】计算由用户输入的两个数的最大公约数。

问题分析：

此例采用try-except-else语句结构捕获程序执行过程中产生的异常，将用于显示结果的语句放在了else分支中。放在else分支中的代码，是try块中的子句正确执行时，也就是对try块中的子句没有捕获到except分支指定的异常情况时，才需要执行的后续代码。

注意：

① 如果使用 else 子句，那么必须放在所有 except 子句之后。

② 使用 else 子句比把所有语句都放在 try 子句中要好，这样可以避免一些意想不到而 except 又无法捕获的异常。

程序代码：

```
try:
        m=int(input("请输入第一个整数: "))
        n=int(input("请输入第一个整数: "))
        if m<n:
                m,n=n,m
        r=m%n
```

```
        while r !=0:
            m=n
            n=r
            r=m%n
except ValueError:
    print('必须输入整数')
except ZeroDivisionError:
    print('除数不能为 0')
else:
    print("最大公约数为：",n)
```

3. try-finally语句结构

Python异常处理机制还提供了一个finally分支，用来执行无论有没有发生异常都会执行的代码块。通常用来为try块中的程序做扫尾清理工作。

语法：

```
try:
    <可能产生异常的代码块>
except <Error1> [as <e1>]:
    <发生Error1异常时的处理代码块>
[except <Error2> [as <e2>]:
    <发生Error2异常时的处理代码块>
except (<Error3>,<Error4>,...) [as <e3>]:
    <发生Error3,Error4,... 各异常时的处理代码块>
...
except [Exception [as <en>]]:
    <发生其他异常时的处理代码块>]
else:
    <没有异常时执行的代码块>
finally:
    <无论有没有发生异常都执行的代码块>
```

实现的功能：

无论try块是否发生异常，最终都要进入finally语句，并执行其中的代码块。

基于finally语句的这种特性，在某些情况下，当try块中的程序打开了一些物理资源（如文件、数据库连接等）时，由于这些资源必须手动回收，而回收工作通常放在 finally 块中。

Python垃圾回收机制，只能回收变量、类对象占用的内存，而无法自动完成类似关闭文件、数据库连接等工作。

注意：

① 和 else 语句不同，finally 只要求和 try 搭配使用，而至于该结构中是否包含 except 以及 else，对于 finally 不是必需的。而 else 必须和 try except 搭配使用。

② 当 try 子句中发生异常并且没有被 except 子句处理（或者它发生在 except 或 else 子句中）时，它会在 finally 子句执行后重新引发。当 try 语句中有任何通过 break、continue 或 return 语句表示的其他子句时，finally 子句也会在它们之后执行。

【例 8-5】向文件写入数据。

问题分析：

此例中进行了异常捕获，程序不出现异常则通过else分支显示"写入文件完成"，无论有没有出现异常都通过finally分支执行打开的文件的关闭操作，回收了文件，并显示"谢谢你的参与！"。提示：使用with语句结构也可以达到有效清理回收文件的目的。它属于预定义的标准清理行为，无论系统是否成功地使用了它，一旦不需要它了，那么这个标准的清理行为就会执行。

程序代码：

```
try:
    fp=open("lq.txt","w")
    for i in range(5):
        value=int(input("请输入整数："))**2
        fp.write(str(value)+"\n")
except ValueError:
    print("需要输入整数")
except Exception as e:
    print(e)
else:
    print("写入文件完成")
finally:
    fp.close()
    print("谢谢你的参与！")
```

8.2.3 抛出指定异常：raise语句

在程序设计过程中可以用raise语句抛出一个指定的异常。有些时候，可以根据程序的逻辑流程或功能要求在程序设计过程中主动抛出一个异常，并用异常处理机制中的except子句进行相应的处理。

语法：

```
raise [<exceptionName> [(<reason>)]]
```

实现的功能：

抛出指定名称的异常，以及异常信息的相关描述。如果可选参数全部省略，则会把当前错误原样抛出；如果仅省略<reason>，则在抛出异常时，将不附带任何异常描述信息。

注意：

exceptionName 为指定抛出的异常名称。它必须是一个异常的实例或者是异常的类（也就是 Exception 的子类）。reason 为指定的异常描述信息，可以不指定。

raise 语句有如下三种常用的形式：

① raise：引发当前上下文中捕获的异常（如在except块中），若没有当前上下文中捕获的异常则引发RuntimeError异常。

② raise异常类名称：引发指定名称类型的异常。

③ raise异常类名称（描述信息）：在引发指定类型异常的同时冒号后指明异常的描述信息。

第8章 程序调试与异常处理机制

【例8-6】 raise语句不同形式的异常报错情形。

问题分析：

注意此例最后的raise语句用的异常名称不是一个异常的实例或者是异常的类，因而没有正确抛出raise指定的异常。

程序代码：

```
>>> raise
Traceback (most recent call last):
  File "<pyshell#1>", line 1, in <module>
    raise
RuntimeError: No active exception to reraise
>>> raise ZeroDivisionError
Traceback (most recent call last):
  File "<pyshell#2>", line 1, in <module>
    raise ZeroDivisionError
ZeroDivisionError
>>> raise ZeroDivisionError("除数不能为零")
Traceback (most recent call last):
  File "<pyshell#3>", line 1, in <module>
    raise ZeroDivisionError("除数不能为零")
ZeroDivisionError: 除数不能为零
raise Exception("x值不能小于8")
Traceback (most recent call last):
  File "<pyshell#4>", line 1, in <module>
    raise Exception("x值不能小于8")
Exception: x值不能小于8
>>> raise B("出错了！")
Traceback (most recent call last):
  File "<pyshell#5>", line 1, in <module>
    raise B("出错了！")
NameError: name 'B' is not defined
```

【例8-7】 raise语句应用实例。

问题分析：

本例程序执行时在try块中通过raise语句抛出了ValueError异常，再通过except捕获该异常，在子句中利用print()函数输出该错误的信息。

程序代码：

```
try:
    n=28
    if n>10:
        raise ValueError("n不能大于10。n的值为：{}".format(n))
except ValueError as e:
    print(e)
```

运行结果：

```
n不能大于10。n的值为：28
```

8.2.4 触发固定异常：assert断言

assert断言，顾名思义，断定这样是对的，如果错了，那一定是有问题，提示异常。assert语句用于判断一个表达式，在表达式条件为False时触发异常。

断言可以在条件不满足程序运行的情况下直接返回错误，而不必等待程序运行后出现崩溃的情况。

语法：

```
assert <expression> [,<arguments>]
```

实现的功能：

判断表达式是否为True（成立），如果为True，放行，程序继续往下执行；如果为False，触发AssertionError异常。

 注意：

expression 为需要判断的表达式。表达式可以有一个也可以有多个，以逗号分隔。arguments 为指定的异常信息，可以不指定。

assert语句等价于：

```
if not expression:
    raise AssertionError(arguments)
```

【例8-8】 assert语句触发AssertionError异常的情形示例。

问题分析：

assert 语句常用于检查用户的输入是否符合规定，还经常用作程序初期测试和调试过程中的辅助工具。

程序代码：

```
>>> a=8
>>> assert a>10,"a应大于10"
Traceback (most recent call last):
  File "<pyshell#1>", line 1, in <module>
    assert a>10,"a应大于10"
AssertionError: a应大于10
```

【例8-9】 按照要求输入数学成绩。

问题分析：

此例try语句结构通过捕获ValueError异常并提示限定了用户输入整型数据。通过try语句块中的assert语句触发AssertionError异常并捕获、提示限定用户输入数据的值在0～100的范围内。

程序代码：

```
try:
    mathmark=int(input("请输入数学分数："))
    assert 0 <=mathmark <=100
except ValueError:
    print("请输入整数！")
except AssertionError:
```

```
        print("输入分数范围应该是在0～100！")
else:
        print("数学考试分数为: ",mathmark)
```

8.3 综 合 应 用

【例 8-10】猜数游戏，要求在指定的次数内猜指定范围内的整数值。

问题分析：

通过循环结构、分支结构等的综合应用，实现了适用不同情形下输入的提醒、猜的结果的提示、剩余次数的显示等。程序的设计使得在程序开始部分就可以修改次数和范围的限定，以方便调整的游戏难度。而异常处理结构的引入使得程序更趋完善。对可能出现的用户输入数据形式不正确的异常错误、超限定范围的异常错误以及其他异常错误进行了相应捕获和有针对性的处理并应用了else子句和finally子句。

程序代码：

```
from random import randint
MaxValue=100
MaxTimes=7
print("~~~~~~~~~~~猜数游戏~~~~~~~~~~~~~~~~")
print("___猜数范围为1到{0}，你有{1}次机会___\n".format(MaxValue,MaxTimes))
value=randint(1,MaxValue)
count=0
flag=0
while count<MaxTimes:
    prompt='开始猜数:'
    if count==0 else '再猜:'
    try:                                    #使用异常处理结构，防止输入不是数字的情况
        x=int(input(prompt))
        assert 1<=x<=MaxValue
    except ValueError:
        print("请猜整数")
    except AssertionError:
        print('猜数范围为1 到', MaxValue)
    except Exception as e:
        print(e)
    else:
        if x==value:
            print('恭喜,你猜对了！')
            flag=1
            break
        elif x>value:
            print('太大了')
        else:
            print('太小了')
    finally:
```

```
            count+=1
            if flag==0:
                print("剩余次数为: ",MaxTimes-count)
        else:
            print('很遗憾你没有猜对。')
        print('标准值是: ', value)
print("游戏结束,欢迎下次再来! ")
```

习 题

一、单选题

1. 以下描述错误的是（   ）。
   A. 程序有语法错误时会导致程序执行中断
   B. 程序有运行错误（异常）会导致程序执行中断并有提示
   C. 程序开发平台带的程序调试工具Debug Tools用来纠正程序运行时产生的异常错误
   D. 程序有语法错误、运行错误（异常）、逻辑错误，在程序开发阶段就应该纠正

2. 以下关于在程序中加入异常处理的作用描述正确的是（   ）。
   A. 预防语法错误产生的程序运行中断后果并可进行有针对性的处理或提示
   B. 有效地处理和预防逻辑错误
   C. 有利于程序的可扩展性
   D. 预防因用户、应用环境等原因引起的异常导致的程序运行中断并可进行有针对性的处理或提示

3. 程序运行时出现SyntexError信息，提示程序有（   ）。
   A. 语法错误   B. 运行错误   C. 逻辑错误   D. 警告信息

4. 有print(int(input('请输入: '))*2)语句，若用户输入1.2，则执行结果是（   ）。
   A. 2.4   B. 1.2
   C. 报TypeError类型的异常错误   D. 报ValueError类型的异常错误

5. 以下程序的执行结果是（   ）。

```
a=3
b='hi'
result=a/b
print(result)
```

   A. 3   B. hihihi
   C. 报NameError异常错误   D. 报TypeError异常错误

6. Python中用来抛出指定异常的关键字是（   ）。
   A. try   B. except   C. raise   D. finally

7. 在异常处理中，如释放资源、关闭文件、关闭数据库等由（   ）子句来完成。
   A. catch   B. finally   C. assert   D. else

8. 对异常处理结构，当try块没有捕获到任何异常时，才会执行（   ）分支的代码块。

A. with B. try C. except D. else

9. 在异常处理结构try-except中，需要捕获有可能产生异常的语句应放在（　　）子句中。

A. try B. except C. else D. finally

10. 对以下代码，执行时若用户输入了"x"，则结果是（　　）。

```
try:
    a=int(input("请输入: "))
except ValueError:
    print('输入数据出错')
else:
    print('运算结果为: ',a*2)
finally:
    print('再见! ')
```

A. 程序中断执行并报错
B. 运算结果为：xx
C. 再见
D. 输入数据出错
　　再见！

11. 以下关于异常处理的描述错误的是（　　）。

A. Python 通过 try、except 等保留字提供异常处理功能

B. ZeroDivisionError 是一个变量未命名错误

C. NameError 是一种异常类型

D. try 异常语句可以与 else 和 finally 语句配合使用

12. 执行以下程序，如果输入2，输出结果是（　　）。

```
la='python'
try:
    s=eval(input('请输入整数: '))
    ls=s*la
    print(ls)
except:
    print('请输入整数')
```

A. la B. 请输入整数 C. pythonpython D. python

二、程序填空题

1. 程序要求：用户输入1个整数，调用函数对输入的数据进行运算并输出函数的返回值。如果输入的数据是偶数，返回该数的1/2；如果输入的数据为奇数，返回该数的2倍，如果输入数据为非整型数值时，则抛出错误，并返回"类型错误"。

运行结果示例1：　　　　　　　　运行结果示例2：

请输入：78　　　　　　　　　　请输入：121
39　　　　　　　　　　　　　　242

需填空程序：

```
def judge(number):
    try:
```

```
        number=_____(1)_____(number)
        if_____(2)_____:
            return number // 2
        elif number%2==1:
            return_____(3)_____
    _____(4)_____ValueError:
        return '类型错误'
num=input("请输入:")
result=_____(5)_____
print(result)
```

2. 程序要求：列表中存储着各类水果，输入序号查询对应的水果名

运行结果示例1：

```
请输入序号：3
货品名为：  orange
查询成功！
欢迎再来
```

运行结果示例2：

```
请输入序号：h
输入的不是数字！
欢迎再来
```

运行结果示例3：

```
请输入序号：9
输入序号范围出错
欢迎再来
```

需填空程序：

```
s=["lemon","apple","mango","orange","banana","pear"]
try:
    i=eval(input("请输入序号："))
    print("货品名为：",s[i])
except_____(1)_____:
    print("输入序号范围出错！")
except_____(2)_____:
    print("输入的不是数字！")
_____(3)_____:
    print("查询成功！")
_____(4)_____:
    print("欢迎再来")
```

3. 程序要求：通过键盘输入3位正整数，计算该正整数各位上数字的平方和。用户有5次输入数据的机会。

运行结果示例：

```
请输入三位数的正整数：213
14
请输入三位数的正整数：769
166
请输入三位数的正整数：t
请输入整数！
请输入三位数的正整数：58
需要在100到999范围内！
请输入三位数的正整数：419
98
结束了！
```

需填空程序：

```
for i in range(5):
    _____(1)_____:
        value=int(input("请输入三位数的正整数："))
        if value<100 or value>999:
```

```
            raise____(2)____
    except____(3)____:
        print("请输入整数！")
    except TypeError:
        print("需要在100到999范围内！")
    else:
        a=value//100
        c=value%10
        b=(value//10)%10
        print(a**2+b**2+c**2)
____(4)____:
    print("结束了！")
```

三、程序调试题(每题各有 4 处语法或逻辑错误，根据题目功能描述，在以下相应程序中，不增删语句，调试修改错误，实现功能。)

1. 程序要求：从键盘输入5个英文单词，输出其中以元音字母开头的单词。

运行结果示例：

```
请输入一个英文单词：Book
请输入一个英文单词：jump
请输入一个英文单词：age
请输入一个英文单词：paper
请输入一个英文单词：User
输入的5个英文单词是：['Book','jump','age','paper','User']
首字母是元音的英文单词有：
age
User
```

需调试程序：

```
str="AEIOUaeiou"
a_list=[]
for i in range(0,10):
    word=input("请输入一个英文单词：")
    a_list.sort(word)
print("输入的5个英文单词是：",a_list)
print("首字母是元音的英文单词有：")
for i in range(0,5):
    for ch in str:
        if a_list[i][0]==t:
            print(a_list[ch])
            break
```

2. 程序要求：从键盘输入三个数字，统计非负数字的个数和非负数字的和。

运行结果示例：

```
请输入三个数字，用空格隔开：3 -6 8
非负整数的个数是：2
非负整数的和：11
```

需调试程序：

```
str=input("请输入三个数字,用空格隔开：")
s=str.split()
```

```
a=0
for i at s:
    x=int(i)
    if x<0:
        a.append(x)
    sum_order=sum(a)
    number=lens(a)
print("非负整数的个数是：{}".format(number))
print("非负整数的和：{}".format(sum_order))
```

3. 程序要求：公司有若干员工参与培训，字典dic是每个员工培训的时间段（如202305表示2023年5月）。键为员工姓名，值为培训开始和结束月份的元组。要求输出全部员工培训的时间各为几个月（结束月减去开始月），并找出参加培训时间最长的员工姓名。

运行结果示例：

姓名	培训总时间
张三	共7月
李明	共6月
魏宁	共8月
卢冲	共11月
赵季	共7月
金钟	共5月
卢冲培训时间最长，为11月	

需调试程序：

```
dic={'张三':("202305","202312"),
 '李明':("202305","202311"),
 '魏宁':("202310","202406"),
 '卢冲':("202307","202406"),
 '赵季':("202304","202311"),
 '金钟':("202308","202301"),
}
maxtime=0
maxname=""
print('姓名\t培训总时间')
for k in dic:
    name,st=k,dic[k][0]
    et=dic[k]
    if st[:4]==et[:4]:
        time=int(et[-2:])-int(st[2:])
    else:
        time=(12-int(st[-2:]))+int(et[-2:])
    if time<maxtime:
        maxtime=time
        maxname=name
    print('%s\t共%d月'%(name,time))
print('%s培训时间最长，为%d月'%(name,maxtime))
```

四、编程题

输入若干个成绩,求所有成绩的平均分。每输入一个成绩后询问是否继续输入下一个成绩,回答"y"就继续输入下一个成绩,回答"n"就停止输入成绩。保存程序名:求平均分.py。

要求:用异常处理机制检测输入成绩的有效性。

第9章

Python计算生态和第三方库

本章概要

本章主要介绍常见的Python第三方库，它不仅提供了大量已经封装的功能和工具，使用它既可以减少重复劳动，又可以提高开发效率。经过广泛使用和测试，第三方库具有较高的稳定性和可靠性，也覆盖了数据分析、机器学习、网络编程和图形界面开发等众多领域，进而形成了Python庞大的计算生态环境。通过本章的学习，可以了解常见第三方库在不同场景下的应用案例，并进一步阐述了在人工智能领域的智能搜索策略，以及在机器学习方面的概要介绍和简单应用。

学习目标

◎ 了解库的概念、功能和基本用法。
◎ 通过应用场景示例的引导，理解案例代码并运行代码。
◎ 掌握库的具体用法，能够使用库解决实际问题，提升编程实践能力和创新能力。

Python语言从诞生之初即致力于开源开放，建立了全球最大的编程计算生态。Python是一种支持多种编程范式的编程语言，其丰富的计算生态系统让它成为使用更广泛的编程语言之一，Python的计算生态系统涵盖了许多不同类型的领域和工具，主要涵盖数据分析、文本处理、数据可视化、网络爬虫、图形用户界面、Web开发、游戏开发、虚拟现实、图形艺术等领域，本章介绍各个领域常用的Python第三方库和框架，通过案例了解并学习Python的计算生态。

9.1 Python的第三方库

Python语言主要拥有标准库和第三方库两类库。标准库主要提供了一些常用的核心功能，包含数字、字符串、列表、字典、文件等常见类型和函数，标准库无须安装，只需要通过import方法导入即可使用其中的功能模块或方法。而第三方库主要提供了系管理、网络通信、文本处理、数据库接口、图形系统、XML处理等额外的功能，是需要经过安装才能使用的功能模块。Python常见的部分第三方库及用途见表9-1。

表 9-1　Python 常见的部分第三方库及用途

库　名	用　途
NumPy	科学计算第三方库，提供了许多高级的数值编程工具，如矩阵数据类型、矢量处理、线性代数、傅里叶变换，以及精密的运算库
Pandas	高效数据分析
Matplotlib	用 Python 实现的类 MATLAB 的第三方库，用以绘制一些高质量的数学二维图形
Requests	HTTP 协议访问，网页信息爬取
Jieba	中文分词
scrapy	高层次的屏幕抓取和 Web 抓取框架，用于抓取 Web 站点并从页面中提取结构化的数据。用于数据挖掘、监测和自动化测试
Tkinter	Python 下标准的界面编程包
wheel	Python 文件打包
Pygame	基于 Python 的多媒体开发和游戏软件开发模块。跨平台 Python 模块，专为电子游戏设计。包含图像、声音。建立在 SDL 基础上，允许实时电子游戏研发而无须被低级语言（如机器语言和汇编语言）束缚
Django	开源 Web 开发框架，它鼓励快速开发，并遵循 MVC 设计，比较庞大，开发周期短。Django 的文档最完善、市场占有率最高、招聘职位最多。全套的解决方案，Django 像 Rails 一样，提供全套的解决方案（full-stack framework + batteries included）

9.1.1　第三方库的安装

Python第三方库安装有多个途径，借助自带的pip工具安装，或者用户自定义，或使用安装文件安装。

最常用且高效的Python第三方库安装方式是采用pip工具安装。pip是Python官方提供并维护的在线第三方库安装工具。pip是内置命令，如图9-1所示，可通过执行pip -h命令列出pip常用的子命令，注意，不要在IDLE环境下运行pip命令。

pip支持安装（install）、下载（download）、卸载（uninstall）、列表（list）、查看（show）、查找（search）等一系列安装和维护子命令。

例如，查看当前已安装的库步骤如下：

① 在Windows系统搜索框中输入"cmd"，出现"命令提示符"应用，如图9-2所示，右击以管理员身份打开。

② 在命令提示符窗口中输入"pip install 库名"，进行Python第三方库的安装，以安装数据分析用的NumPy库为例，则在窗口中输入"pip install numpy"命令进行安装，出现"Successfully installed numpy"提示，则表示安装成功，如图9-3所示。这时，再输入"pip list"命令，会看到"numpy"已经在Python库的列表中。

```
C:\Users\ella>pip -h
Usage:
  pip <command> [options]

Commands:
  install                     Install packages.
  download                    Download packages.
  uninstall                   Uninstall packages.
  freeze                      Output installed packages in requirements format.
  inspect                     Inspect the python environment.
  list                        List installed packages.
  show                        Show information about installed packages.
  check                       Verify installed packages have compatible dependencies.
  config                      Manage local and global configuration.
  search                      Search PyPI for packages.
  cache                       Inspect and manage pip's wheel cache.
  index                       Inspect information available from package indexes.
  wheel                       Build wheels from your requirements.
  hash                        Compute hashes of package archives.
  completion                  A helper command used for command completion.
  debug                       Show information useful for debugging.
  help                        Show help for commands.

General Options:
  -h, --help                  Show help.
  --debug                     Let unhandled exceptions propagate outside the main subroutine, instead of logging them
                              to stderr.
  --isolated                  Run pip in an isolated mode, ignoring environment variables and user configuration.
  --require-virtualenv        Allow pip to only run in a virtual environment; exit with an error otherwise.
  --python <python>           Run pip with the specified Python interpreter.
  -v, --verbose               Give more output. Option is additive, and can be used up to 3 times.
  -V, --version               Show version and exit.
  -q, --quiet                 Give less output. Option is additive, and can be used up to 3 times (corresponding to
                              WARNING, ERROR, and CRITICAL logging levels).
  --log <path>                Path to a verbose appending log.
  --no-input                  Disable prompting for input.
  --keyring-provider <keyring_provider>
                              Enable the credential lookup via the keyring library if user input is allowed. Specify
                              which mechanism to use [disabled, import, subprocess]. (default: disabled)
  --proxy <proxy>             Specify a proxy in the form scheme://[user:passwd@]proxy.server:port.
  --retries <retries>         Maximum number of retries each connection should attempt (default 5 times).
  --timeout <sec>             Set the socket timeout (default 15 seconds).
  --exists-action <action>    Default action when a path already exists: (s)witch, (i)gnore, (w)ipe, (b)ackup,
                              (a)bort.
  --trusted-host <hostname>   Mark this host or host:port pair as trusted, even though it does not have valid or any
                              HTTPS.
  --cert <path>               Path to PEM-encoded CA certificate bundle. If provided, overrides the default. See 'SSL
```

图9-1　pip常用子命令

图9-2　"命令提示符"应用

第9章　Python计算生态和第三方库

```
C:\Users\ella>pip install numpy
Collecting numpy
  Using cached numpy-1.26.3-cp311-cp311-win_amd64.whl.metadata (61 kB)
Using cached numpy-1.26.3-cp311-cp311-win_amd64.whl (15.8 MB)
Installing collected packages: numpy
Successfully installed numpy-1.26.3
```

图9-3　pip工具安装第三方库NumPy

如果安装失败，可能是由于网络原因下载失败导致。可以在命令后输入资源镜像源地址，命令行格式如下：

```
pip install numpy -i http://pypi.douban.com/simple --trusted-host pypi.douban.com
```

③ 在命令提示符窗口中输入"pip list"命令，查看已安装库，如图9-4所示。

```
C:\Users\ella>pip list
Package           Version
----------------- -----------
contourpy         1.2.0
cycler            0.12.1
fonttools         4.47.2
jieba             0.42.1
joblib            1.3.2
kiwisolver        1.4.5
matplotlib        3.8.2
numpy             1.26.3
packaging         23.2
pandas            2.2.0
pillow            10.2.0
pip               23.3.2
pyparsing         3.1.1
python-dateutil   2.8.2
pytz              2023.3.post1
scikit-learn      1.4.0
scipy             1.12.0
setuptools        65.5.0
six               1.16.0
threadpoolctl     3.2.0
tzdata            2023.4
wordcloud         1.9.3
```

图9-4　查看已安装的库

后续也可通过"pip uninstall 库名"命令卸载已安装库。

由于某些第三方库仅提供源代码，通过pip命令下载文件后无法在Windows系统编译安装，导致第三方库安装失败。为了解决这类第三方库安装问题，可以在https://pypi.org/上找到下载文件，然后采用pip命令指定安装目录后安装文件。

在下载页面中一般会提供以下几种格式的文件：

- msi文件：Windows系统的安装包，在Windows系统下可以直接双击打开，并按提示进行安装。
- egg文件：setuptools使用的文件格式，可以用setuptools进行安装。
- whl文件：wheel本质上是zip文件，它使用.whl作为扩展名，用于Python模块的安装，它的出现是为了替代Eggs，可以用pip的相关命令进行安装。

9.1.2 数据分析第三方库

1. NumPy库

NumPy库（numerical Python）是一个开源的Python科学计算库，它提供了丰富的多维数组对象和用于处理这些数组的函数。NumPy库是Python科学计算生态系统的核心库之一，它被广泛应用于数据分析、机器学习、图像处理等领域。以下是NumPy库的一些主要功能：

① 多维数组（ndarray）。NumPy的核心功能是提供多维数组对象（ndarray），它能存储以及快速操作大量的数据。ndarray是一个具有相同类型和大小的元素组成的多维容器，可以进行高效的数值计算。多维数组是NumPy的核心数据结构，在NumPy中几乎所有数据都是用数组来表示的。

② 数组操作。NumPy库主要提供了丰富的数组操作函数，包括数组的创建、变形、切片、索引、排序、合并、分割等。这些函数可以高效地操作数组，是进行科学计算的基础操作。

③ 广播（broadcasting）。广播是NumPy中一种重要的机制，它能使不同形状的数组进行计算。广播可以避免显式的循环操作，大大提高了计算效率。

④ 数学函数。NumPy提供了大量的数学函数，包括基本的算术运算、三角函数、指数函数、对数函数、统计函数等。这些函数能够高效地对数组进行元素级的数值计算。

⑤ 线性代数运算。NumPy提供了线性代数相关的函数，包括矩阵与向量的乘法、矩阵的逆、特征值与特征向量等。这些函数能够进行高效的线性代数计算。

⑥ 随机数生成。NumPy包含生成随机数的函数，能够生成符合各种分布的随机数。随机数在模拟、统计学、优化等领域有着广泛应用。

⑦ 文件操作。NumPy提供了读写数组数据的函数，可以将数组保存到磁盘或者从磁盘读取数组数据。这些函数能够便捷地处理大规模的数据。

总之，NumPy库是一个功能强大的科学计算库，它提供了多维数组对象和丰富的数组操作函数，可以进行高效的数值计算和数据处理。它是Python科学计算生态系统中的重要组成部分，被广泛应用于数据分析、机器学习、图像处理等领域。

【例 9-1】某高校对大学生手机话费消费情况进行随机调查，希望引导正确的消费观，最后参与调查的学生人数为100人，月话费金额（单位：元）为5～100的整数。试用随机函数模拟生成每位学生一年中每月话费金额，实现年度话费数据统计和分析。

程序分析：

首先，要求计算每位学生的年话费金额；按照话费年消费金额高低不同进行分类，第一类：0～360；第二类：360～600；第三类：600以上；统计每个类别的学生数；计算每位学生的月平均话费，筛选手机月平均消费金额在50元以内的学生数。

程序代码：

```
#-*- coding: utf-8 -*-
import numpy as np
pfee=np.random.randint(5,100,(100,12))
print(pfee[:10])
#1.计算每位学生的年话费金额
tfee=pfee.sum(axis=1)
print(tfee)
```

```
#2. 统计每个类别的学生数并显示
x1=tfee[tfee<=360].size
print("第一类 学生人数: ",x1)
x2=tfee[(tfee>360) & (tfee<=600)].size
print("第二类 学生人数: ",x2)
x3=tfee[tfee>600].size
print("第三类 学生人数: ",x3)
#3. 计算每位学生的月平均话费, 筛选手机月平均消费金额在50元以内的学生数。
avfee=tfee/12
#print(avfee)
y1=avfee[avfee<50].size
print(y1)
```

在以上案例中使用了NumPy库中的随机函数randint()和统计函数sum()，除此以外，常用的NumPy库其他函数列举如下：

① 创建数组：

numpy.array([1, 2, 3])：创建一个一维数组。

numpy.zeros((2, 3))：创建一个2行3列的全0数组。

numpy.ones((3, 2))：创建一个3行2列的全1数组。

numpy.eye(3)：创建一个3行3列的单位矩阵。

② 数组运算：

numpy.add(array1, array2)：将两个数组对应位置的元素相加。

numpy.subtract(array1, array2)：将两个数组对应位置的元素相减。

numpy.multiply(array1, array2)：将两个数组对应位置的元素相乘。

numpy.divide(array1, array2)：将两个数组对应位置的元素相除。

③ 数组操作：

numpy.reshape(array, new_shape)：改变数组的形状。

numpy.transpose(array)：返回数组的转置。

numpy.concatenate((array1, array2), axis=0)：沿指定轴连接数组。

numpy.split(array, indices_or_sections, axis=0)：将数组拆分为多个子数组。

④ 统计函数：

numpy.mean(array)：计算数组的平均值。

numpy.median(array)：计算数组的中位数。

numpy.std(array)：计算数组的标准差。

numpy.max(array)：返回数组中的最大值。

这只是NumPy库提供的很少一部分常用函数，需要进一步深度拓展学习的读者可以查阅NumPy官方文档获取更多详细信息和使用示例。

2. Pandas库

Pandas库是Python中一个强大的数据处理库，它提供了高效的数据分析方法和数据结构。相比于其他数据处理库，Pandas更适用于处理具有关系型数据或者带标签数据的情况，在时间序列分析方面也有着不错的表现。

Pandas库的数据结构和函数可以让数据挖掘和分析更加高效和便捷。使用Pandas库可以轻松地对数据进行筛选、排序、过滤、清理和变换等操作,进一步实现统计和汇总等分析。

Pandas库也常用于处理科学和工程计算中的大量数据集。Pandas库可以从多个文件格式读取数据,并可以对数据进行清洗和转换,以便后续的建模和分析操作。

Pandas库中最常用的数据类型是Series和DataFrame。Series是一维数组,拥有数据与索引。DataFrame则是一个类似于表格的二维数据结构,其中存储了多个Series。Pandas中的merge()和concat()方法是合并和连接数据的核心方法。

【例9-2】 表9-2和表9-3分别记录了某保险公司部分客户信息。根据两张表分别创建数据对象,然后将两个数据对象合并,将客户年龄为"30"的客户的"赔付比例"和"索赔额"分别改为"40"和"8500";按照"省份"分组,显示不同省份的最小客户年龄。

表9-2 客户保险信息Ⅰ

省份	客户年龄	赔付比例(%)	索赔额
河北省	30	38.5	6500
广东省	53	31.7	2050
安徽省	33	68.0	7350
湖北省	46	63.9	3900
安徽省	56	69.9	14300

表9-3 客户保险信息Ⅱ

省份	客户年龄	赔付比例(%)	索赔额
浙江省	31	70.6	7100
安徽省	41	80.5	12400
广东省	45	61.0	4100
河北省	36	36.7	4100

案例源程序实现如下:

```python
# -*- coding: utf-8 -*-
import pandas as pd
from pandas import DataFrame
#1. 分别记录表9-2和表9-3中数据,然后合并
ids1={"省份": ['河北省','广东省','安徽省','湖北省','安徽省'],
      "客户年龄": [30, 53, 33, 46,56],
      "赔付比例": [38.5, 31.7, 68, 63.9,69.9] ,
      "索赔额": [6500, 2050,7350, 3900, 14300]}
col_name=['省份','客户年龄','赔付比例','索赔额']
df1=DataFrame(ids1,index=['0','1','2','3','4'], columns=col_name)
print(df1)
ids2={"省份": ['浙江省','安徽省','广东省','河北省'],
      "客户年龄": [31, 41, 45, 36],
      "赔付比例": [70.6, 80.5, 61, 36.7] ,
      "索赔额": [7100, 12400,4100, 4100]}
df2=DataFrame(ids2,index=['5','6','7','8'], columns=col_name)
print(df2)
#合并df1和df2
df3=pd.merge(df1,df2,how='outer')
print("数据集合并后:\n",df3)
#2. 将客户年龄为"30"的客户的"赔付比例"和"索赔额"分别改为"40"和"8500"
df3.loc[df3["客户年龄"]==30,["赔付比例","索赔额"]]=[40,8500]
print(df3)
#3. 按照"省份"分组,显示不同省份的最小客户年龄
grouped=df3.groupby("省份")
print(grouped['客户年龄'].min())
```

以上代码的运行结果如图9-5所示。

```
    省份   客户年龄  赔付比例  索赔额
0  安徽省     33    68.0   7350
1  安徽省     41    80.5  12400
2  安徽省     56    69.9  14300
3  广东省     45    61.0   4100
4  广东省     53    31.7   2050
5  河北省     30    40.0   8500
6  河北省     36    36.7   4100
7  浙江省     31    70.6   7100
8  湖北省     46    63.9   3900
省份
安徽省     33
广东省     45
河北省     30
浙江省     31
湖北省     46
Name: 客户年龄, dtype: int64
```

图9-5　完成数据合并、修改和分组后的运行结果图

通过以上案例可以发现，Pandas库常用函数以及操作的使用和理解总结如下：

使用导入语句import pandas as pd将pandas缩写为pd使用。df是DataFrame的常见缩写形式，它通常表示一个已经创建并被赋值为pandas.DataFrame类型的对象。

（1）数据读取函数

pd.read_csv()用于读取csv文件并将其转换为DataFrame；df.describe()用于生成DataFrame的汇总统计信息。

（2）数据清洗和缺失值处理函数

df.isnull()和df.notnull()用于检查缺失值和非缺失值；df.dropna()和df.fillna()用于删除或填充缺失值。

（3）数据分组和合并函数

df.groupby()用于按指定列对DataFrame进行分组计算；df.merge()用于将多个DataFrame按指定的列合并为一个DataFrame对象。

Pandas库的函数涵盖了从数据读取、处理、分析到可视化的全过程，是数据科学家和数据分析师在进行数据处理和分析时经常使用的工具，可以自主拓展学习更多更全面函数案例。

9.1.3　可视化图表第三方库

Matplotlib是Python中一个强大的可视化库，可以用于创建静态、动态或交互式可视化数据图表。通过模块，轻松实现折线图、饼图、曲线图、散点图、直方图、柱状图等。

首先需要导入Matplotlib库。然后定义数据和相应的标签参数。在实际应用中，可以根据需求对这些标签参数进行修改，来达到自己所想要的效果。

【例9-3】Matplotlib库常用画图参数示例。

程序代码：

```
import numpy as np
import matplotlib.pyplot as plt
x=np.linspace(0,10,100)
y1=np.sin(x)
y2=np.cos(x)
```

```
#设置颜色参数和网格线
plt.rc('axes',facecolor='silver',edgecolor='blue',grid=True)
#设置画布
fig=plt.figure()
#设置画图子图位置
ax=fig.add_axes([0.1,0.1,0.8,0.8])
ax.plot(x,y1,label='sin')
ax.plot(x,y2,label='cos')
#设置图例
ax.legend()
plt.show()
```

运行结果如图9-6所示。

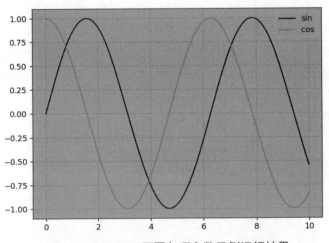

图9-6　Matplotlib画图各项参数示例运行结果

折线图是一种常用的可视化图表，可以清晰地展示数据随时间或其他连续变量的变化趋势，通过连接数据点，可以观察到数据的上升、下降、波动等变化趋势，帮助人们更直观地理解数据的变化规律。

【例 9-4】 折线图应用案例：保护环境，绿色能源，低碳出行。根据国内某汽车公司的统计数据，新能源汽车的产量及销量规模见表9-4。根据表9-4中所示的数据，绘制折线图分析不同年份产销量趋势图；计算2018年数量的同比增幅（(Y2018-Y2017)/Y2017），并在原数据中增加新列"INC2018"；输出显示2018年增幅超过60%的产量或销量。

表9-4　2015—2018新能源汽车产量及销量规模（万辆）

	Y2015	Y2016	Y2017	Y2018
产量	37.9	51.7	79.4	127
销量	33.1	50.7	77.7	125.6

程序代码：

```
# -*- coding: utf-8 -*-
import numpy as np
import matplotlib.pyplot as plt
from pandas import DataFrame
```

```
from pandas import Series
#1. 记录表9-4的数据,绘制折线图
index=['产量','销量'];
columns=['Y2015','Y2016','Y2017','Y2018']
data=np.array([[37.9,51.7,79.4,127], [33.1,50.7,77.7,125.6]])
sales=DataFrame(data,index,columns)
print(sales)
psales=DataFrame(data.T, columns, index)
print(psales)
plt.rcParams['font.sans-serif']=['SimHei']
psales .plot(title='2015—2018新能源汽车产量及销量规模(万辆)',LineWidth=2,
marker='o',linestyle='dashed',grid=True,alpha=0.9)
plt.show()
#2. 计算2018年数量的同比增幅,并在原数据中增加新列INC2018
sales["INC2018"]=(sales['Y2018']-sales['Y2017'])/sales['Y2017']
print(sales)
#3. 显示2018年增幅超过60%的产量或销量
nsales=sales[sales['INC2018']>0.6]
print(nsales)
```

程序运行结果如图9-7和图9-8所示。

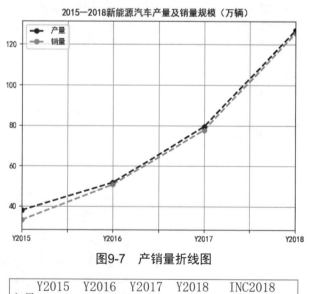

图9-7 产销量折线图

```
      Y2015   Y2016   Y2017   Y2018   INC2018
产量   37.9    51.7    79.4    127.0   0.599496
销量   33.1    50.7    77.7    125.6   0.616474
```

图9-8 增加列INC2018

饼图是一种圆形图表,用来表示比例。通常情况下,饼图中的切片大小是根据数据中数值的大小来决定的。

【例9-5】饼图应用案例:某物流公司的订单数据集(orders.csv),记录了2007—2010年订单数据信息,包括订单日期、订单号、订单等级、产品类别、区域、运送日期、运输方式、运输费用等8个属性。订单数据集格式见表9-5。请从数据集文件中读入订单数据,统计并输出不同区域的运输费用；绘制饼图反映不同产品区域的运输费用的比例关系。

表 9-5　订单数据集

订单日期	订单号	订单等级	产品类别	区域	运送日期	运输方式	运输费用
7/2/2007	54019	Low	办公用品	东北	7/9/2007	Delivery Truck	26.3
7/8/2007	20513	High	办公用品	东北	7/9/2007	Express Air	0.93
7/27/2008	36262	Not Specified	家具产品	东北	7/28/2008	Express Air	6.15
7/27/2008	36262	Not Specified	家具产品	东北	7/28/2008	Regular Air	3.6
11/9/2008	39682	Medium	技术产品	东北	11/11/2008	Express Air	14.3
…	…	…	…	…	…	…	…

程序代码：

```python
# -*- coding: utf-8 -*-
import numpy as np
import pandas as pd
import matplotlib.pyplot as plt
#1. 从文件读入数据
order=pd.read_csv ("orders.csv")
#print(order[:10])
#2. 统计不同区域的运输费用
grouped= order.groupby(['区域'])
t_fee=grouped['运输费用'].sum()
print(t_fee)
#3. 绘制饼图反映不同产品区域的运输费用的比例关系
plt.rcParams['font.sans-serif']=['SimHei']
t_fee.plot(kind='pie',autopct='%1.1f%%',shadow=True,startangle=45)
```

程序运行结果如图9-9和图9-10所示。

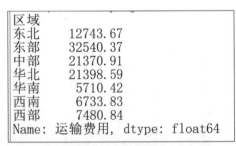

图9-9　统计不同区域的运输费用

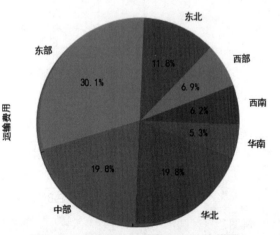

图9-10　不同区域运输费用百分比饼图

散点图的主要作用是发现变量之间的相关性关系，或者在多个组之间发现与不同顺序的关系。散点图可以显示趋势线或回归线。如果数据集中有多个变量，则可以使用颜色或大小作为额外的维度。

【例9-6】散点图应用案例：使用随机函数生成300个1以内的坐标点数值，绘制成散点图，如图9-11所示，根据数值散点特点，观察数据之间的相关性。

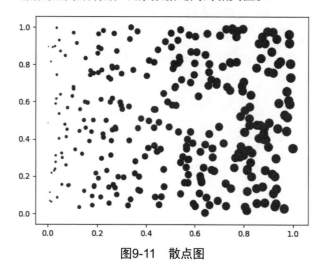

图9-11　散点图

程序代码：

```
# -*- coding: utf-8 -*-
import numpy as np
import matplotlib.pyplot as plt
x=np.random.random(300)
y=np.random.random(300)
plt.scatter(x,y,s=x*500,c='b',marker='.')
plt.show()
```

运行程序后可以观察到，图9-11所示坐标点分布比较零散，不具有线性聚集特点。但是，因为随机函数的关系，程序每次运行会产生不同的随机坐标值，所以点的分布特点需要根据每次运行的具体特征来分析。

9.1.4　热词统计第三方库

Python中对于一段英文文本，如"Have a nice day"，如果希望提取其中的单词，只需要使用字符串的split()方法即可，例如：

```
>>> 'Have a nice day'.split()
['Have','a','nice','day']
```

Jieba库是一个重要的第三方中文分词函数库。Jieba分词的原理是利用一个中文词库，确定汉字之间的关联概率，汉字间概率大的组成词组，形成分词结果。除了分词，用户还可以添加自定义的词组。

- Jieba库需要额外安装，它提供三种分词模式：精确模式、全模式、搜索引擎模式。
- 精确模式：把文本精确地切分开，不存在冗余单词。
- 全模式：把文本中所有可能的词语都扫描出来，有冗余。
- 搜索引擎模式：在精确模式基础上，对长词再次切分。

Jieba库中的函数主要提供分词功能，可以辅助自定义分词词典。Jieba库中包含的主要函数使用示例如下：

```
>>> import jieba
>>> jieba.lcut("人工智能与程序设计的关系")
['人工智能','与','程序设计','的','关系']
```

Jieba常用的分词函数功能及使用方法见表9-6，掌握Jieba的分词函数便能够处理绝大部分与中文文本相关的分词问题。

表9-6　Jieba库常用分词函数及描述

函　数	描　述
jieba.lcut(s)	精确模式，返回一个列表类型的分词结果。例如： >>>jieba.lcut(" 中国是一个伟大的国家 ") [' 中国 ',' 是 ',' 一个 ',' 伟大 ',' 的 ',' 国家 ']
jieba.lcut(s,cut_all=True)	全模式，返回一个列表类型的分词结果，存在冗余。例如： >>>jieba.lcut(" 中国是一个伟大的国家 ",cut_all=True) [' 中国 ',' 国是 ',' 一个 ',' 伟大 ',' 的 ',' 国家 ']
jieba.lcut_for_search(s)	搜索引擎模式，返回一个列表类型的分词结果，存在冗余。例如： >>>jieba.lcut_for_search(" 中华人民共和国是伟大的 ") [' 中华 ',' 华人 ',' 人民 ',' 共和 ',' 共和国 ',' 中华人民共和国 ',' 是 ',' 伟大 ',' 的 ']
jieba.add_word(w)	向分词词典增加新词。例如： >>>jieba.add_word(" 蟒蛇语言 ")

【例9-7】统计给定的《三国演义》文章中频率出现最高的15个词语，通过运行结果观察全书哪些人物出场最多？

问题分析：

- 输入：从文件中读取一篇文章。
- 处理：采用字典数据结构统计最常出现的15个词语及次数。
- 输出：文章中最常出现的15个词语及次数。

中文文章需要分词才能进行词频统计，这需要用到Jieba库。分词后的词频统计与英文词频统计方法类似。《三国演义》文章保存为sanguo1.txt文件中。可以用Python代码实现上述要求的词频统计。

程序代码：

```
import jieba
txt=open('sanguo1.txt','r',encoding='utf-8').read()
words=jieba.lcut(txt)
counts={}
for word in words:
    if len(word)==1:
        continue
    else:
        counts[word]=counts.get(word,0)+1
items=list(counts.items())
items.sort(key=lambda x:x[1],reverse=True)
for i in range(15):
```

```
    word,count=items[i]
    print("{0:<10}{1:>5}".format(word,count))
```

运行结果如下：

```
曹操        937
孔明        831
将军        772
却说        656
玄德        570
关公        509
丞相        491
二人        466
不可        441
荆州        421
不能        387
孔明日      385
玄德日      383
如此        378
张飞        349
```

通过运行结果，可以看到，频率出现最高的15个词语中的人物名称是：曹操、孔明、玄德、关公、张飞，正确反映了书中的主要人物角色。

9.1.5 网络爬虫第三方库

网络爬虫是一种按照一定的规则自动从网络上抓取信息的程序或者脚本，Python计算生态主要通过Requests、BeautifulSoup、Scrap等库或框架为网络爬虫提供功能支持。

1. Requests库

Requests用于抓取网页源代码，由于它比内置的urllib模块好用，因此已经逐渐取代了urllib模块。抓取源代码后可以用in或正则表达式搜索获取所需的数据。

用pip工具安装Requests第三方库后，可以用requests.get()函数模拟HTTP GET方法发出请求（request）到远程服务器，当服务器接受请求后，就会响应（response）并返回网页内容（源代码），设置正确的编码格式，即可通过text属性取得网址中的源代码。示例如下：

```
>>> import requests                                      #导入第三方库
>>> response=requests.get('http://www.baidu.com')        #发出请求
>>> response.encoding="UTF-8"                            #编码格式
>>> print(response.text)                                 #输出网页源代码
```

Requests库常用方法及说见表9-7。

表9-7 Requests库常用方法及说明

方法	说明
requests.request()	构造一个请求，支撑以下各方法的基础方法
requests.get()	获取 HTML 网页的主要方法，对应于 HTTP 的 GET
requests.head()	获取 HTML 网页头信息的方法，对应于 HTTP 的 HEAD

续表

方　法	说　明
requests.post()	向 HTML 网页提交 POST 请求的方法，对应于 HTTP 的 POST
requests.put()	向 HTML 网页提交 PUT 请求的方法，对应于 HTTP 的 PUT
requests.patch()	向 HTML 网页提交局部修改请求，对应于 HTTP 的 PATCH
requests.delete()	向 HTML 页面提交删除请求，对应于 HTTP 的 DELETE
r.encoding	从 HTTP header 中猜测的响应内容的编码方式
r.apparent_encoding	从内容中分析出的响应内容的编码方式（备选编码方式）

（1）搜索指定字符串

用text属性取得的源代码其实是一大串字符串，如果想搜索其中指定的字符或字符串，可使用in完成。例如，查询是否含有"电影"字符串。

```
if "电影" in response.text:
    print("找到！")
```

也可以一行行依次搜索，并统计该字符串出现的次数。

【例 9-8】 搜索新浪网首页出现"电影"字符串的次数。

程序代码：

```
import requests                          #导入第三方库
url='https://www.sina.com.cn/'
response=requests.get(url)               #发出请求
response.encoding="utf-8"                #编码格式
relist=response.text.splitlines()
n=0
for row in relist:
    if'电影'in row : n+=1
print('找到',format(n),'次')             #输出
```

（2）正则表达式抓取网页内容

实际生活中，如果用户要搜索的字符串比较复杂，有时用in根本无法完成。比如要搜索网站中的超链接、电话号码等，对这种复杂搜索，就要用到正则表达式。

正则表达式（regular expression，简称regex）是由类似Windows中搜索文件时用到的通配符所组成的公式，用于实现字符串的复杂搜索。

网站https://pythex.org/可以测试正则表达式的结果是否正确。例如，"[0～9]+"，其中[ ]表示其中一组合法的数字字符，后面的"+"代表重复1次或无数次，因此表示0123456789任意一个数字组成的无数次重复的是有效字符串。

要使用正则表达式，需要现导入re包，再用re包提供的compile()方法创建一个正则表达式对象。例如，匹配'cat'在行开头的代码如下：

```
import re
patt=re.compile(r'^cat')
#re.compile 返回一个正则表达式对象，表示匹配以c作为一行的第一个字符，后面跟着a和t，
所以'vocative'就不会被匹配到，原因是cat在字符的中间
```

例如，查找sentence中是否以"BR"或"Bestregards"结尾：

```
patt=re.compile(r'(BR|Bestregards)$')
```

例如，可以用正则表达式[]表示字符组，gr[ea]y表示先找到g，然后找到r，然后找到e或者a，最后是一个y，表达式写为：

```
patt=re.compile(r'gr[ea]y')            #就是grey 或者gray都是可以匹配上的
```

【例9-9】 用正则表达式抓取新浪网首页https://www.sina.com.cn/中所有的E-mail账号。

程序代码：

```
import requests ,re
regex=re.compile('[a-zA-Z0-9_.+-]+@[a-zA-Z0-9-]+\.[a-zA-Z0-9-.]+')
url='https://www.sina.com.cn/'
response=requests.get(url)              #发出请求
response.encoding="utf-8"               #编码格式
emails=regex.findall(response.text)     #findall()方法返回符合规则的字符串列表
for email in emails:
    print(email)                        #输出符合条件的结果
```

运行结果如下：

```
jubao@vip.sina.com
```

2. BeautifulSoup库

如果需要抓取的数据比较复杂，可以使用功能更强的网页解析工具BeautifulSoup对特定的目标网页进行抓取和分析。

导入BeautifulSoup后，先用request包中的get方法取得网页源码，然后用Python内置的html.parser解析器对源代码进行解析，解析的结果返回到BeautifulSoup类对象sp中。sp对象提供了众多方法供使用。此处重点强调select()方法，是通过CSS样式表的方式抓取指定数据。

【例9-10】 抓取上海市PM2.5实时数据。

问题分析：

很多情况下，要抓取的数据并不在网站一级页面中，从而不能直接抓取，要采用分步方式抓取。打开东方天气网首页的源代码，通过搜索关键词"上海"，发现这个关键词位于title值为"上海PM2.5"的<a>标签中。通过下面的语句就能把这个标签的内容抓取下来：

```
city=sp1.find("a",{"title":"上海PM2.5"})
```

上述语句返回结果为：

```
<a href="city/shanghai.html" target="_blank" title="上海PM2.5">上海</a>
```

这样，目标就缩小了，因为包含上海市PM2.5的数据页面链接就位于这个标签之中。下面的关键代码可以把链接抓取出来：

```
citylink=city.get("href")               #从找到的标签中取href属性值
url2=url1+citylink                      #生成二级页面完整的链接地址
```

程序代码：

```
import requests
import BeautifulSoup
```

```
url1='https://tianqi.eastday.com/air/shanghai.html'
html=requests.get(url1)
sp1=BeautifulSoup(html.text,'html.parser')    #把抓取的数据进行解析
city=sp1.find("a",{"title":"上海PM2.5"})
#从解析代码中找出title属性值为上海PM2.5的标签
citylink=city.get("href")                      #从找到的标签中取href属性值
#print(citylink)
url2=url1+citylink                             #生成二级页面完整的链接地址
#print(url2)
data1=sp1.select(".aqivalue")
pm25=data1[0].text                             #获取标签中的PM2.5数据
print('上海此时pm2.5的值为'+pm25)              #输出显示结果
```

9.2 Python与人工智能

● 视频
Python与
人工智能

依托人工智能技术,各类智能生活平台应运而生,人们足不出户便能了解社区附近生活信息,享受各类智能化服务:智能健康终端产品自动检测收集身体健康数据,云平台的专家及时会诊;定时智能门锁汇报当天的访客情况,甚至在你不在家的时候代为签收快递;你的冰箱将随时提醒你的采购项目和对应的健康指数,指导你实现合理饮食。

21世纪,人工智能掀起了世界的新一波科技浪潮,越来越多的个人和企业投身到了人工智能的开发与应用中,Python是人工智能领域使用最为广泛的语言之一。

现阶段,常规的人工智能技术包含机器学习和深度学习两个很重要的模块,而Python之所以适用于AI项目,是因为Python拥有Matplotlib、NumPy、sklearn、keras等大量的库,能够为人工智能技术提供良好的支持。例如,Pandas、sklearn、Matplotlib库可以用于数据处理、数据分析、数据建模和绘图,机器学习中对数据的爬取(scrapy)、处理和分析(pandas)、绘图(Matplotlib)和建模(sklearn)等在Python中都能找到对应的库来处理。

人工智能与搜索策略之间存在着密切的关系,搜索策略是人工智能研究中的一个基本问题,直接关系到智能系统的性能与运行效率。搜索策略在人工智能中扮演着至关重要的角色,因为它涉及如何在给定的问题空间中有效地寻找解决方案。搜索策略的好坏直接影响到问题求解的效率和准确性。

9.2.1 搜索策略

搜索是人工智能领域的一个重要问题。它类似于传统计算机程序中的查找,但远比查找复杂得多。传统程序一般解决的问题都是结构化的,结构良好的问题算法简单而容易实现。但人工智能所要解决的问题大部分是非结构化或结构不良的问题,对这样的问题很难找到成熟的求解算法,而只能是一步步地摸索前进。

问题求解是人工智能的核心问题之一。求解过程可以转化为在状态空间图中搜索一条从初始结点到目标结点的路径问题。问题的状态空间可用有向图来表达,状态空间图在计算机中有两种存储方式:一种是图的启发式搜索;另一种是图的盲目搜索。状态空间的搜索策略如图9-12所示。

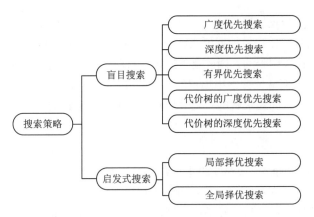

图9-12 状态空间搜索策略

1. 盲目搜索策略

盲目搜索又称无信息搜索,即在搜索过程中,只按预定的控制策略进行搜索,而获得的中间信息不用来改进控制策略,具有盲目性,因此效率不高。

盲目搜索中最行之有效、应用最广泛的搜索策略是广度优先搜索和深度优先搜索。下面简要介绍广度优先搜索和深度优先搜索。

(1)广度优先搜索——先进先出,生成的结点插入表的后面

基本方法:从根结点开始,向下逐层逐个地对结点进行扩展与穷尽搜索,并逐层逐个地考察所搜索结点是否满足目标结点的条件。若到达目标结点,则搜索成功,搜索过程可以终止。注意:在广度优先搜索的过程中,同一层的结点搜索次序可以任意;但在第n层的结点没有全部扩展并考察之前,不应对第$n+1$层的结点进行扩展和考察。

特点:显然,广度优先搜索法是一种遵循规则的盲目性搜索,它遍访了目标结点前的每一层次每一个结点,即检查了目标结点前的全部状态空间点,只要问题有解,它就能最终找到解,且最先得到的将是最小深度的解。可见,广度优先搜索法很可靠。但是,当目标结点距离初始结点较远时将会产生许多无用的中间结点。因此,速度慢,效率低,尤其对于庞大的状态空间实用价值差。

(2)深度优先搜索——后进先出,生成的结点插入OPEN表的前面

基本方法:从根结点开始,始终沿着纵深方向搜索,总是在其后继子结点中选择一结点来考察。若到达目标结点,则搜索成功;若不是目标结点,则再在该结点的后继子结点中选择其一进行考察,一直如此向下搜索,直到搜索找到目标结点才停下来。若到达某个子结点时,发现该结点既不是目标结点又不能继续扩展,就选择其兄弟结点再进行考察。依此类推,直至找到目标结点或全部结点考察完毕,搜索过程才可以终止或结束。

特点:方式灵活,规则易于实现,对于有限状态空间并有解时,必能找到解。例如,当搜索到某个分支时,若目标结点恰好在此分支上,则可较快地得到解。故在一定条件下,可实现较高求解效率。但是,在深度优先搜索中,一旦搜索进入某个分支,就将沿着该分支一直向下搜索。这时,如果目标结点不在此分支上,而该分支又是一个无穷分支,则就不可能得到解。可见,深度优先搜索算法不完备,风险大,易于掉入陷阱。因此,要使深度优先搜索算法可用,必须加以改造。

2. 启发式搜索策略

所谓启发式搜索(heuristic search)策略,即利用与问题解有关的启发信息作引导的搜索策

略。它是在搜索过程中根据问题的特点,加入一些具有启发性的信息,加速问题的求解过程。显然,启发式搜索的效率比盲目搜索要高,但由于启发式搜索需要与问题本身的特性有关,这对非常复杂的网络是比较困难的,因此盲目搜索在目前的应用中仍然占据着统治地位。

在智能搜索中,人们常把搜索中出现的诸如问题的状态条件、性质、发展动态、解的过程特性、结构特性等规律,问题求解的技巧性规则等,都称为搜索的启发信息。

9.2.2 机器学习

scikit-learn(简称sklearn)是基于Python语言的机器学习工具包,是目前做机器学习项目的首选工具。sklearn自带了大量的数据集,可供用户练习各种机器学习算法。sklearn集成了数据预处理、数据特征选择、数据特征降维、模型构建、模型评估等非常全面的算法。

机器学习最终处理的数据都是数字,只不过这些数据可能以不同的形态呈现出来,如矩阵、文字、图片、视频、音频等。

scikit-learn包含四类算法,分别是回归(regression)、分类(classification)、聚类(clustering)和降维(dimensionality reduction)。其中回归和分类是监督式学习,下面使用Python语言通过案例解析对简单线性回归进行概要介绍。

线性回归(linear regression)是利用称为线性回归方程的最小二乘函数对一个或多个自变量和因变量之间关系进行建模的一种回归分析。这种函数是一个或多个称为回归系数的模型参数的线性组合。只有一个自变量的情况称为简单回归,大于一个自变量情况的称为多元回归。简单线性回归方程其实就像我们初中学习的二元一次方程$y=a+bx$。

其中,a称为截距;b称为回归系数;x为自变量;y为因变量。

简单线性回归分析通常包含以下步骤:提出问题→理解数据→数据清洗→构建模型→评估模型。

【例 9-11】 线性回归应用案例:建立学习时间和学习成绩的线性回归模型,并评估模型性能。

下面按照简单线性回归包含的步骤对案例进行求解。

① 提出问题。假设某学校为了调查学生学习效果,通过收集学生学习时间和成绩,得出学习时间与成绩之间的相关性关系,其中特征为学习时间,标签为成绩。构建所需的数据对象,绘制对应的散点图,观察是否存在线性关系。

程序如下:

```
import pandas as pd
examDict={'学习时间':[0.50,0.75,1.00,1.25,1.50,1.75,1.75,2.00,2.25,
         2.50,2.75,3.00,3.25,3.50,4.00,4.25,4.50,4.75,5.00,5.50],
         '分数':[10, 22, 13, 43, 20, 22, 33, 50, 62, 48,
         55, 75, 62, 73, 81, 76, 64, 82, 90, 93]}
examDf=pd.DataFrame(examDict)
print(examDf.head())
#提取特征和标签
#特征features
exam_X=examDf.loc[:,'学习时间']
#标签labes
exam_y=examDf.loc[:,'分数']
```

```
#绘制散点图
import matplotlib.pyplot as plt
plt.scatter(exam_X,exam_y,color='b',label='exam data')
#添加图标签
plt.xlabel('Hours')                    #X轴命名
plt.ylabel('Score')                    #Y轴命名
print(plt.show())
```

以上程序段运行结果如图9-13所示。

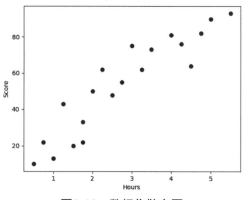

图9-13　数据集散点图

② 相关性判断。通过观察图9-13的散点图，可以对相关性做出初步的判断。还可以通过计算相关系数r，对相关性大小进行判断。相关系数r的值等于x和y的协方差除以x和y的标准差。程序如下：

```
#计算相关系数r
rDf = examDf.corr()
print('相关系数矩阵: \n',rDf)
print('相关系数r=',rDf.iloc[0,1])
```

运行程序，得出相关系数r的值为0.9238，高度正相关。

③ 创建模型。利用sklearn中的train_test_split()方法进行数据分隔，将数据随机分成训练数据和测试数据，占比为8:2。代码如下：

```
from sklearn.model_selection import train_test_split
#建立训练数据和测试数据
X_train,X_test,y_train,y_test=train_test_split(exam_X,exam_y,train_size=0.8)
                              #train_size指训练数据占比
#输出数据大小
print('原始数据特征: ',exam_X.shape,
      '训练数据特征: ',X_train.shape,
      '测试数据特征: ',X_test.shape)

print('原始数据标签: ',exam_y.shape,
      '训练数据标签: ',y_train.shape,
      '测试数据标签: ',y_test.shape)
#绘制散点图
import matplotlib.pyplot as plt
```

```
#散点图
plt.scatter(X_train, y_train, color="blue", label="train data")
plt.scatter(X_test, y_test, color="red", label="test data")
#添加图标签
plt.legend(loc=4)                    #设置图签的位置
plt.xlabel("Hours")
plt.ylabel("Score")
#显示图像
plt.show()
```

以上代码的运行结果如图9-14所示。

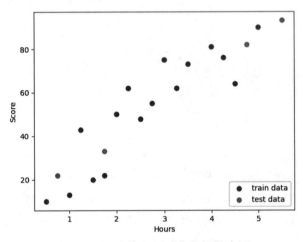

图9-14　训练集和测试集数据散点图

④ 继续创建模型和训练模型：

```
#1. 导入线性回归第三方包
from sklearn.linear_model import LinearRegression
#2. 创建线性回归模型
model=LinearRegression()
#将训练数据特征和测试数据特征转换成二维数组
'''
reshape()函数重新定义行数和列数。如果行的参数是-1，就会根据所给的列数，自动按照原始数
组的大小形成一个新的数组，例如reshape(-1,1)就是改变成1列的数组，这个数组的长度是根据原始
数组的大小自动形成的。例如，原始数组总共是2行×3列=6个数，那么这里就会形成6行×1列的数组
'''
X_train=X_train.values.reshape(-1,1)
X_test=X_test.values.reshape(-1,1)
#3. 训练模型
model.fit(X_train,y_train)
LinearRegression(copy_X=True, fit_intercept=True, n_jobs=None, normalize=False)
#截距
a=model.intercept_
b=model.coef_
print('最佳拟合线：y=%f+%fx'%(a,b))
#绘制训练数据散点图
```

```
plt.scatter(X_train, y_train, color='blue', label="train data")
#训练数据的预测值
y_train_pred=model.predict(X_train)
#绘制最佳拟合线
plt.plot(X_train, y_train_pred, color='black', linewidth=3, label="best line")
#添加图标标签
plt.legend(loc=4)
plt.xlabel("Hours")
plt.ylabel("Score")
#显示图像
plt.show()
```

运行以上程序，计算出最佳拟合线：$y=10.853198+15.479164x$，如图9-15所示。

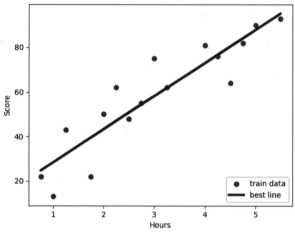

图9-15　最佳拟合线

⑤ 评估模型。评估模型的精确度可以使用决定系数R的平方进行判断，R的平方越大，表明回归模型越精确。使用测试数据进行模型评估，利用score()方法，对第一个参数X_test用最佳拟合线自动计算出y预测值，然后通过score()方法得出决定系数值是0.8823686336975715，代表模型性能较好。

```
#线性回归的scroe()方法得到的是决定系数
#评估模型：决定系数
xr= model.score(X_test, y_test)
print(xr)
```

9.3　综合应用

民宿经济是社会发展到一定阶段包含着农民智慧的创造，突破了传统农业生产的范畴，也突破了简单的乡村观光旅游局限，是一个融合了乡村休闲、体验、度假、教育等功能的新产业形态。

2023年中央一号文件提出："实施乡村休闲旅游精品工程，推动乡村民宿提质升级。"不少地区将乡村民宿作为乡村旅游的重要环节，因势利导、因地制宜地在适合的情境下协同发展。民宿产业为乡村振兴添动力。本节的综合案例以民宿行业为背景。

【例 9-12】民宿行业经过近几年的高速发展，形成了一些行业优势，这些优势成为行业不断向前发展的动力。当然，也暴露了一些行业存在的问题，本例旨在从当下大热的民宿消费中，探索消费者心目中理想的民宿画像，以及民宿未来的可能走向，寻找民宿新亮点。

数据集来源：在2000—2020年期间相关旅行网站和酒店网站抓取的有关民宿的信息，数据集中可能包含模拟数据，仅供数据分析案例和学习者使用。

数据结构描述：民宿的地理位置、年份、价格、得分。

数据清洗：将爬取的数据过滤掉无关信息，提取民宿开业年份。

案例实施：主要步骤包括数据集的导入→数据清洗和数据切片→数据可视化分析→回归分析模型的创建和性能评估。

具体步骤如下：

① 导入数据集，进行数据清洗和数据切片，代码如下：

```
import pandas as pd
import matplotlib.pyplot as plt
data0=pd.read_csv('民宿.csv')
data0=data0.dropna()                    #数据清洗
data0.sort_values(by='年份', ascending=False)
print(data0[['标题链接','年份','价格','得分']])
mask=data0['年份']>=2000
data0.loc[ mask, ['年份'] ]
font={'family':'MicroSoft YaHei'}
plt.rc('font',**font)
plt.xticks([2004,2006,2008,2010,2012,2014,2016,2018])
grouped1=data0.groupby('年份')
yearcount=grouped1['年份'].count()
yearcount.plot(linestyle='dashed',title='每年新开业民宿数量',use_index=True)
```

以上代码运行结果如图9-16和图9-17所示。

```
      标题链接        年份   价格   得分
0     杭州贝蕾民宿      2016  381  5.00
2     杭州悠堂民宿      2016  257  5.00
3     杭州婳阁民宿      2016  359  5.00
4     杭州兰素民宿      2016  273  4.80
11    千岛湖渔水谣民宿酒店  2016  274  4.83
...      ...      ...   ...   ...
3903  枸杞岛春暖花开民宿  2015  364  4.40
3905  嵊泗一品蓝渔家民宿  2014  354  5.00
3906  嵊泗枸杞半岛渔家民宿 2014  659  4.33
3907  嵊泗恋恋不舍民宿  2016  209  4.75
3910  嵊泗楼蓝渔家民宿  2016  573  4.25

[111 rows x 4 columns]
```

图9-16 数据集关键数据的切片

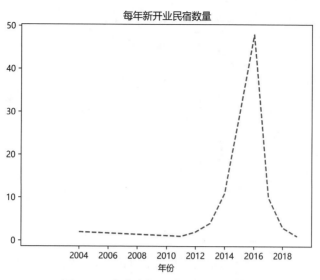

图9-17　每年新开业民宿数量折线图

从图9-17中可以发现，在2000—2015年期间，每年的新增民宿增长数量都较为平稳且基数较低。2014年起，民宿数量呈现井喷式增长。

② 数据可视化分析，通过散点图观察数据特征项的线性关系。

```
data=data0[['年份','价格','得分']]
print(data)
data.plot(kind='scatter',x='年份',y='得分',color='red')
data.plot(kind='scatter',x='价格',y='得分',color='blue')
plt.show()
#年份和价格与得分情况相关性较低，没有明显的线性增长关系
```

以上代码的运行结果如图9-18和图9-19所示。通过散点图观察年份和得分、价格和得分的相关性不大。

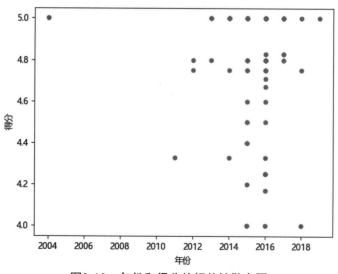

图9-18　年份和得分的相关性散点图

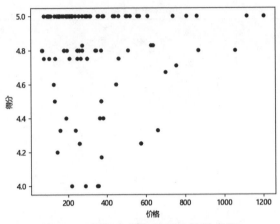

图9-19 价格和得分的相关性散点图

③ 回归模型的创建。为了更深入地挖掘数据的价值信息,继续预测价格和得分的线性回归拟合线,代码如下:

```
import numpy as np
#x=np.array(data['价格']).reshape(-1,1)
x=data['价格'].values.reshape(-1,1)
y=data['得分']
from sklearn.linear_model import LinearRegression
linreg=LinearRegression()
linreg.fit(x,y)
print(linreg.intercept_,linreg.coef_)
plt.plot(x, y,'k.')
X2=[[0],[200],[400],[600],[800]]
model=LinearRegression()
model.fit(x,y)
y2=model.predict(X2)
plt.plot(X2, y2,'g-')
plt.savefig('数学建模.jpg',dpi=1200)
plt.show()
```

运行结果如图9-20所示。

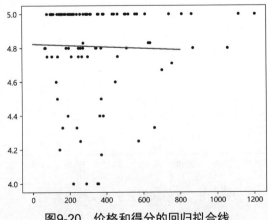

图9-20 价格和得分的回归拟合线

④ 模型的性能评估。

```
from sklearn.linear_model import LinearRegression
from sklearn import model_selection
from sklearn import metrics
X_train,X_test,y_train,y_test=model_selection.train_test_split(x,y,test_size=0.35,random_state=1)
linregTr=LinearRegression()
linregTr.fit(X_train,y_train)
print(linregTr.intercept_,linregTr.coef_)
y_train_pred=linregTr.predict(X_train)
y_test_pred=linregTr.predict(X_test)
train_err=metrics.mean_squared_error(y_train,y_train_pred)
test_err=metrics.mean_squared_error(y_test,y_test_pred)
predict_score=linregTr.score(X_test,y_test)
print("模型性能:决定系数为:{:.2f}".format(predict_score))
```

通过运行以上代码得知，回归分析模型的性能为-0.05，通过对模型的评估可知，民宿酒店的得分与酒店的定价、新旧关系不大，没有正向的相关性。

⑤ 根据网页爬取到的民宿消费者评论数据制作可视化词云，建立用户对优质民宿的画像，需要自行安装wordcloud词云库才可正确运行。

```
import matplotlib.pyplot as plt
from wordcloud import WordCloud
import jieba
import numpy as np
from PIL import Image
plt.rcParams['font.sans-serif']=['SimHei']
plt.rcParams['axes.unicode_minus']=False
bg=np.array(Image.open("测试.jpg"))
exclude={'是','的','就','了','很','也','我'}
text_from_file_with_apath=open('词云测试.txt',encoding='utf-8').read()
wordlist_after_jieba=jieba.cut(text_from_file_with_apath,cut_all=True)
wl_space_split=" ".join(wordlist_after_jieba)
font=r'C:\Windows\Fonts\simfang.ttf'
#my_wordcloud=WordCloud(collocations=False, font_path=font, width=1400, height=1400, margin=2,stopwords=exclude).generate(wl_space_split)
my_wordcloud=WordCloud(mask=bg,font_path=font,max_words=500,min_font_size=20,max_font_size=600,width=500,height=500,background_color='white',stopwords=exclude).generate(wl_space_split)

plt.imshow(my_wordcloud)

plt.axis("off")
plt.savefig('zy.svg',dpi=4000,bbox_inches='tight')
plt.show()
```

代码运行结果如图9-21所示。

图9-21　民宿评论文字词云图

通过评论画像可知，民宿的地点最好是在相关旅游景点附近，目前市场上的旅游民宿客流量大且收益较好。民宿的交通便利性也是十分重要的，一些临近地铁口、公交站的民宿往往有着更高、更优质的用户评价。民宿还要做到融入当地环境，提供更多的趣味性，通过环境营造、房屋规划等形式突出当地特色。未来，随着高铁和自驾等出行方式的便利性，乡村民宿发展可观。

习 题

1. 安装和导入任一第三方库，并尝试用代码运行第三方库中的函数调用。
2. 模拟生成自己每天的生活支出，统计输出每日消费总额，及单笔消费高于100元的数量。
3. 模拟生成每天的生活支出，输出显示对应的折线图，查看最高和最低消费支出。
4. 自主拓展学习回归模型分析，运行综合案例并尝试建立其他机器学习模型。

参 考 文 献

[1] 邓文渊. 毫无障碍学Python[M]. 北京：中国水利水电出版社，2017.

[2] 嵩天，礼欣，黄天羽. Python语言程序设计基础[M]. 北京：高等教育出版社，2017.

[3] 王万良. 人工智能导论[M]. 北京：高等教育出版社，2020.